eビジネス新書

No.336

週刊東洋経済

NHKの正体

週刊東洋経済 eビジネス新書 No.336

検証！ ＮＨＫの正体

本書は、東洋経済新報社刊『週刊東洋経済』２０１９年１１月２３日号より抜粋、加筆修正のうえ制作しています。情報は底本編集当時のものです。（標準読了時間 １００分）

検証！　ＮＨＫの正体　目次

受信料収入は5年連続で過去最高

膨張を続ける巨大公共放送

「既存業務全体の見直しを徹底的に進め、受信料額の適正な水準を含めた受信料のあり方について、引き続き検討を行うことが必要」

2019年11月8日、高市早苗・総務相は閣議後の記者会見でそう語った。NHKが提出したテレビ番組をインターネットで常時同時配信するための実施基準案について、監督官庁の総務省は再検討を要請。並行して3つの分野について改革を進めるべきだと強調した。

その1つが冒頭の発言にある受信料だ。総務省は「国民・視聴者にとって納得感のあるものとしていく必要があり、受信料の公平負担を徹底するほか、業務の合理化・効率化を進め、その利益を国民・視聴者に適切に還元していくといった取り組みが強く求められる」としている。

受信料収入は過去最高

「ＮＨＫの業務全体を肥大化させない」と高市氏は言う。総務省のトップがクギを刺さなければならないほど、ＮＨＫの規模は拡大している。受信料収入は5年連続で過去最高を更新し、２０１８年度は初めて７０００億円を超えた。過去の利益の蓄積である剰余金（繰越剰余金と２０年9月に着工予定の渋谷・放送センター建て替えに向けた建設積立金の合計）は、２９０９億円に上っている。

１８年度の視聴率は4位。この１０年は低下傾向にあるとはいえ、2位のテレビ朝日や3位のＴＢＳテレビとそれほど差がない。潤沢な資金を番組制作に投じられる強みが生きている。

規模拡大を支えるのは受信料の支払率の上昇だ。１８年度末の推計支払率は８１・2％と、この１０年で１０ポイント伸びた。「公平な負担」を掲げて受信料の徴収を積極的に進めており、テレビの設置者が契約を拒めば、法的手段も辞さない。06年から民事手続きによる支払督促の申し立てを実施。11年からは未契約世帯に対して民事訴訟にも踏み切っている。

さらに追い風も吹く。17年12月、テレビ設置者にNHKとの受信契約を義務づける放送法の規定について、最高裁判所は合憲と判断。その後、一般世帯や事業所から自主的な契約の申し出が相次いだ。

不祥事と値下げがあっても受信料収入は拡大
NHK受信料収入と支払率の推移

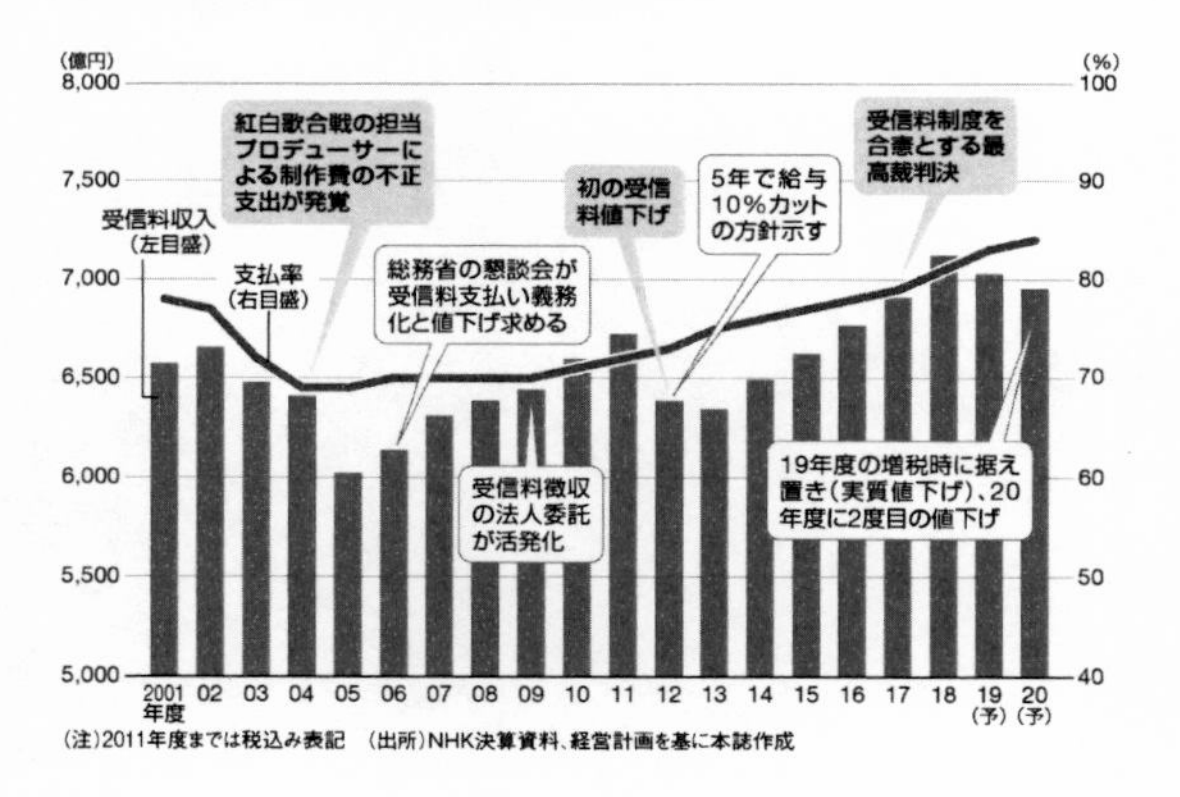

(注)2011年度までは税込み表記　(出所)NHK決算資料、経営計画を基に本誌作成

視聴率ではTBS・テレビ朝日と競る
NHKと民放キー局のゴールデン帯視聴率推

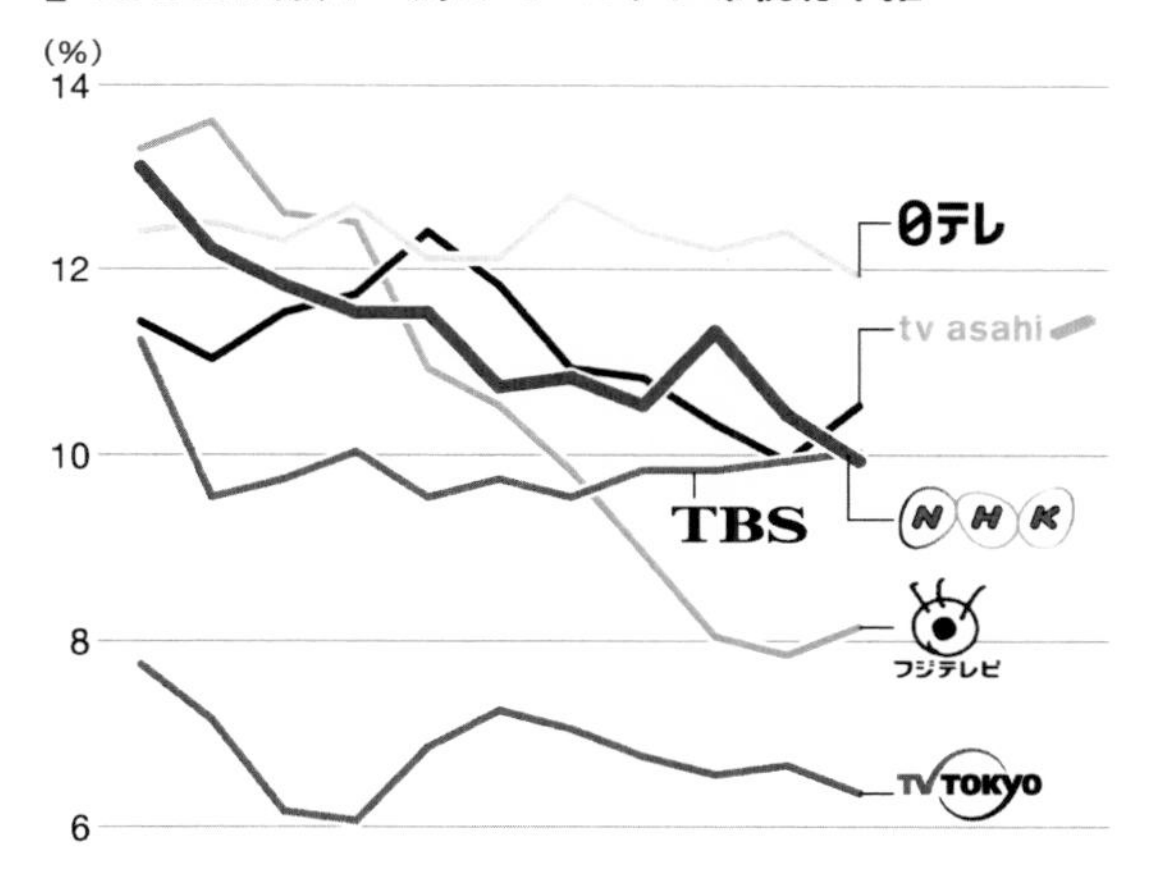

(出所)NHKと各民放キー局の決算資料を基に本誌作成

こうしたＮＨＫの振る舞いに対する不満は大きい。それが顕在化したのが、元ＮＨＫ職員の立花孝志党首が率いる「ＮＨＫから国民を守る党（Ｎ国党）」の躍進だ。「ＮＨＫをぶっ壊す！」と連呼して脚光を浴び、１９年７月の参議院選挙では比例代表で９０万票以上を獲得、１議席を確保した。選挙区でも得票率２％を達成し、政治資金規正法と政党助成法が定める政党要件を満たした。

当選後、立花氏は議員会館にテレビを設置し、ＮＨＫと受信契約を締結したうえで受信料不払いとすることを宣言。するとＮＨＫは「受信料と公共放送についてご理解いただくために」という文書をウェブサイトに掲載し、「（放送法や受信規約の）明らかな違法行為などについては、放置することなく、厳しく対処してまいります」と、Ｎ国党を牽制。その翌週には営業の責任者である松原洋一理事自ら出演・説明する番組を急きょ放送するなどの対応を取った。

値下げ後も再拡大

受信料に対する不満は、これまでもＮＨＫについて回っていた。

２００４年に紅白歌合戦の担当プロデューサーによる制作費の不正支出が発覚。受信料の不払いが広がり、受信料収入は1年で４００億円近く減少し、支払率も７０％を切った。これを機にＮＨＫのあり方を見直す議論が始まった。

０６年には当時の竹中平蔵総務相が「通信・放送の在り方に関する懇談会」で、ＮＨＫの抜本改革を求めた。報告書では「公共放送の維持のためには、不祥事続発の結果生じた大規模な受信料不払いの問題を解決することが必要不可欠」とし、受信料の大幅な引き下げと支払い義務化が盛り込まれた。

値下げを強く求めたのは、その跡を継いだ菅義偉総務相も同じで、ＮＨＫ内部でも本格的な議論が始まった。だが値下げ幅をめぐって、当時ＮＨＫ経営委員長だった古森重隆氏（富士フイルムホールディングス会長）が１０％の値下げを求めたのに対し、橋本元一会長（当時）をはじめとする執行部は約7％を提示し対立。後任の福地茂雄会長の下で経営計画を練り直すも、経営委員会が求める値下げは盛り込まれなかった。

最終的には、執行部が提出した０９年度からの経営計画に「１２年度から受信料の

10%還元を実施」することを盛り込む修正議決を賛成多数で行い、値下げを決定。経営委員会が執行部案を修正議決したのは、このときが初めてだ。

そして12年度にNHKとして初めての値下げが実施された。2カ月払いの月額換算で口座振替の場合は120円引き下げられた。

値下げと同時に進められたのが、経費の削減だ。受信料徴収のために年間800億円以上をつぎ込む営業経費を抑制すべく、08年には訪問集金を廃止し、引き落としや振り込みに統一した。09年には受信料契約・収納業務の法人委託を開始。個人委託の訪問員である地域スタッフを削減し、効率化した。

12年度には職員の給与削減の方針を発表。13年度からの5年間で基本賃金を約10%削減。会長や役員の報酬も一部カットされた。

値下げによって、NHKの収入はいったん落ち込んだものの、再び拡大に転じた。冒頭で説明したように、支払率を引き上げてきたからだ。

NHKはこれを受け、19年10月に消費増税分を上乗せせず、実質2%値下げした。そして20年10月にはさらに2・5%値下げする。社会福祉施設や奨学金受給対象などの学生への免除、多数一括割引、受信機を設置した月の無料化などの負担軽減策も実施する。ＮＨＫの経営計画によれば、１９年度の受信料収入は１８年度に比べ、３０億円減収、２０年度はさらに７８億円減収となる見込みだ。

NHK受信料額（口座振替）の推移

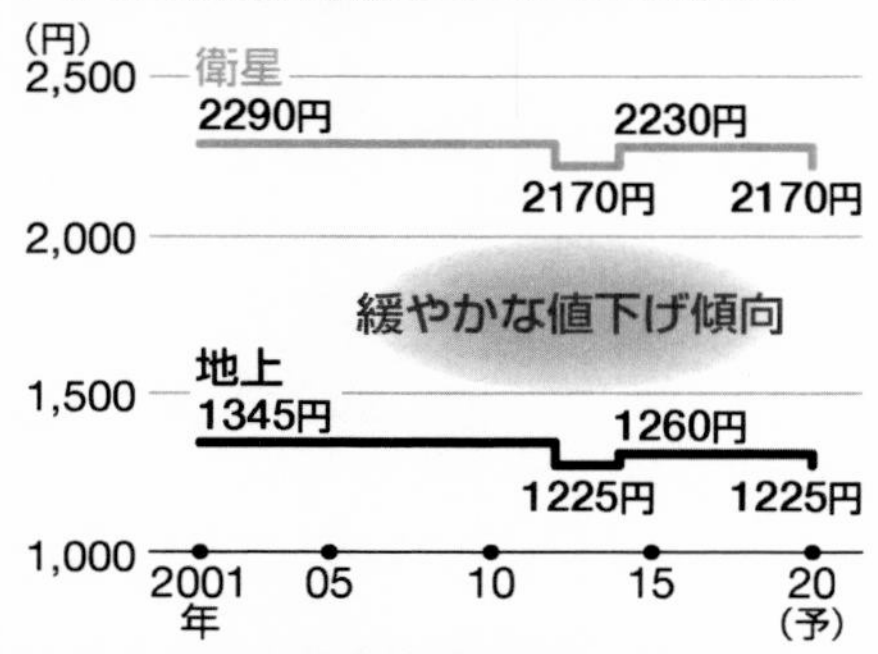

（出所）総務省「放送を巡る諸課題に関する検討会」に提出されたNHK資料

現在の放送受信料額（口座振替）

衛星契約（地上契約含む）		地上契約
2230円	月額	1260円
4460円	2カ月払い	2520円
1万2730円	6カ月前払い（2カ月払いから5%割引）	7190円
2万4770円	12カ月前払い（2カ月払いから7.6%割引）	1万3990円

（出所）NHK「受信料の窓口」ウェブサイト

くすぶるガバナンス問題

「ＮＨＫの受信料収入は、５０００億円くらいをメドに上限を設けるべきだ」

そう話すのは、元総務相政務官で放送改革やネット同時配信の議論に携わってきた小林史明・衆議院議員だ。上限を決めれば、支払率が上がれば上がるほど、１人当たりの負担は下がる。一方で現状は、受信料を払う人が増えても、すでに払っている視聴者にはメリットがない。「ＮＨＫ側にもある程度は理解してもらったと思っている。直近の値下げはこの考え方に基づいている」（小林氏）。

ガバナンス面でも課題は山積だ。２０１９年9月には、かんぽ生命保険の不適切販売を取り上げた報道をめぐり、日本郵政が抗議し、ＮＨＫが続編の放送を見合わせたことが明らかになった。さらに抗議を受けた経営委員会が上田良一会長を厳重注意し、会長名で事実上謝罪する文書を郵政側に届ける事態に発展。ＮＨＫの報道の独立性を揺るがす事実が浮かび上がった。

今回、本誌は一連の課題や今後の方針について話を聞くべく、上田会長への取材を申し込んだが実現しなかった。その上田会長の任期は20年1月まで。後任には、元みずほフィナンシャルグループ社長の前田晃伸氏が就任した。

肥大化やガバナンス不全の指摘にどう応えていくのか。国民のまなざしは厳しくなる一方だ。

（中川雅博）

あの手この手　押し寄せる受信料徴収

テレビを設置している限り、もはやＮＨＫの受信契約から逃れられない。２０１７年１２月、最高裁判所はテレビがあればＮＨＫと受信契約を結ぶ義務があるとした放送法の規定について、「憲法に違反しない」という判断を示した。判決を受け、一般家庭や事業所から契約の申し出が殺到。１７年度の支払率は初めて８０％を超えた。その後も上昇が続く。

受信料を支払わない場合、ＮＨＫは強硬手段に打って出る。

ビジネスホテルチェーンの東横インは１７年3月、東京地方裁判所から未払いの受信料１９億３０００万円を支払うよう命じられた。東横インは運営する２３５のホテル全室に設置されているテレビ約3万4000台分について、14年2月から全室分の受信料を支払っている。だがNHKはそれ以前の2年間の未払い分を要求し提訴。これが大筋で認められた。東横インは最高裁まで争ったが、19年4月に訴えが退けられた。

受信料収入の拡大へ向けNHKはあの手この手で徴収を強化している。その現場をのぞいてみよう。

1日1件で御の字

NHKは全国の放送局などにある62の営業拠点に約850人の営業企画職の職員を抱え、各地域の受信料の収納額や支払率の目標を管理する。実際の契約・収納業務を担うのは、個人委託の地域スタッフと、業務委託した法人事業者が雇う訪問員だ。

「すみません、NHKです」。東京都内で10年以上地域スタッフとして働くAさんは、未契約世帯や引っ越し後に住所変更がなされていない世帯を回る。地域スタッフは首から「ナビタン」と呼ばれる情報端末を下げ、未契約世帯をチェックする。このナビタンには、地図会社作成の、世帯主などが書かれた地図データを基に、ＮＨＫの職員や地域スタッフが訪問などで得た情報が書き込まれている。

「インターホンで応じてくれる人はほとんどいない。住所変更や契約は１日５０～１００軒回って、１件取れれば御の字」とＡさんは話す。とくに都市部は世帯数が多いものの、テレビを持たない単身世帯が増えていることや、「ＮＨＫから国民を守る党」の影響などで支払率が低い。

地域スタッフはピーク時には６０００人近くおり、歩合制で「かつては年収１０００万円プレーヤーもざらにいた」（Ａさん）。だが多くの人員や多額の費用を要することから、ＮＨＫは０８年に訪問集金を廃止。直近で地域スタッフの数は１０００人を切った。

代わりに０９年２月から始めたのが、法人事業者への委託だ。実績に応じて月単位で委託費が支払われる。ＮＨＫが課した営業目標に対する達成率は、「地域スタッフは４～５割だが、法人は８～９割に達している」（ＮＨＫ関係者）。１９年１０月時点で委託法人数は全国で244社に上り、全国で62％の世帯をカバーする。

複数ある委託形式のうち、最も報酬が高いのは公募型だ。NHKがあるエリアで委託業務への入札を実施し、「価格」と「企画（訪問員の採用・管理など）」で評価する。両方の点数の合計が最も高かった業者が選ばれる。

この公募型で急成長しているのが、18年に上場したエヌリンクスだ。栗林憲介社長は「採用力が強み」と言う。訪問員の平均年齢は27歳と若い。「地域スタッフは中高年が中心だが、（エヌリンクスは）若さで行動量を担保できる」（栗林氏）。1日150〜200軒を回り、多ければ3件の契約を取る。休日だと2・5倍だという。

名古屋の委託先が逮捕

法人委託では問題も起こっている。2019年10月、名古屋放送局が委託していた法人の社長が、受信契約者の個人情報を用い、80代女性からキャッシュカードを盗んだとして逮捕された。逮捕後、NHKはその法人との契約を解除した。

通常は法人との契約前に信用調査会社などを活用し、反社会的勢力とのつながりや犯罪歴などについて調べる。「今回のようなケースは異例で、なぜ調査をくぐり抜けてしまったのかわからない」とNHKの営業職員は言う。

17年2月には長崎放送局が委託していた法人の社員が衛星放送の受信設備がないと知りながら、3世帯の衛星契約手続きを不正に行ったことが判明した。その後、別の社員が勝手に衛星契約へ変更した事例も1件確認された。

「法人委託が増えたこの10年で訪問員に対するクレームが急増した。ネットではいかに訪問員を撃退するかが話題になった」。地域スタッフが組織する労働組合、全日本放送受信料労働組合の勝木吐夢（とむ）書記長はそう指摘する。

受信料の契約・収納業務の受託に手を挙げる法人も減っている。「委託料が業務内容に見合わず撤退が相次いだ。不正な取り次ぎなどのトラブルも多く、急いで法人委託を拡大しても痛い目に遭うという認識が局内で広がった」（NHK営業職員）との声もある。一部地域では、地域スタッフを再度増やそうとする動きもあるという。

ちなみにエヌリンクスは営業活動中の不正を防ぐため、すべての訪問員にスマートフォンと接続するヘッドセットを着用させる。会社にいる管理者などとつなぎっぱなしにして、グループ通話で訪問時の会話を把握している。

一方で最近は、訪問員に代わる手法も拡大させている。

その1つが外部事業者との連携だ。例えばケーブルテレビ事業者から加入者に、電器店・量販店からテレビや衛星受信機の購入者に、不動産会社から物件の新規契約者に、NHK受信契約を働きかけてもらう。契約が結ばれるごとにNHKが手数料を支払う。

もう1つは公的情報を活用したダイレクトメールの送付だ。受信契約のない分譲物件の不動産登記情報を取得し、契約依頼文書を郵送したり、転居した契約者の新住所を住民票の除票で確認し住所変更手続きをしたうえで、確認文書を送付したりする。冒頭の17年末の最高裁判決後はポスティング業者と連携し、受信契約がなく、かつ入居者不明の家屋のポストに、契約書を入れ「重要」と記した封筒を投函する施策に注力する。

支払いに応じない場合、NHKは繰り返し要請をする。それでも支払われない場合には、支払督促や民事訴訟などに踏み切る。未契約者の給料を差し押さえることもある。ＮＨＫ局内では幹部のみが参加する「判定会」が定期的に行われ、訴訟をするか否かを決めるという。

あらゆる手段で受信料を徴収、訴訟も辞さない

受信契約・住所変更の取り次ぎで外部と連携	公的情報の活用によるダイレクトメール・ポスティング
●ケーブルテレビ事業者(約320施設) ●電器店・量販店(約2万店) ●不動産会社(約280社) ●引っ越し会社(9社) ●都市ガス事業者・電力会社(9社) ●通信事業者(NTTグループ各社)	❶受信契約のない分譲物件の不動産登記情報を取得、契約依頼文書を郵送 ❷移転した契約者の新住所を住民票(除票)で確認し、住所変更文書を送付 ❸受信契約なし・入居者不明の家屋に契約書同封の専用投函資材を配付

繰り返しの訪問・文書送付・電話でも理解を得られない場合

↓

民事訴訟	支払督促
対象 受信契約の締結に応じない人	対象 支払いを滞納している受信契約者
導入年度 2009年度	導入年度 2006年度
累計提訴数 454件	累計申立数 1万1045件

(注)営業体制に関する数値は2019年度予算ベース、委託法人数は19年10月末時点、民事訴訟と支払督促の累計申立数は19年9月末時点　(出所)NHK資料と取材を基に本誌作成

事業所は場所ごとに徴収

一般家庭は何台テレビを設置しても受信契約は1つだが、事業所の場合は受信機の設置場所ごとに契約が必要だ。ホテルなら1部屋ごととなり、受信機の数が部屋数に比例することから、事業所の中でもホテルは受信契約件数が多い。冒頭の東横インの未払い金額が大きくなったのはそのためだ。

ホテル側からは「受信料の負担はかなり大きい」(中小ホテル関係者)との声が漏れる。未契約や滞納が少なくないため、NHK局内で問題になるケースも多いという。実際、事業所との訴訟でもホテルを相手取ったものが目立つ。

そこで、全国旅館ホテル生活衛生同業組合連合会(全旅連)など5つの旅館・ホテルの業界団体は、12年ごろから、NHKから受信料の契約・収納業務を受託。事業所向けの既存の割引制度に加え、「団体扱い割引」でさらに安くなる施策を始めた。最高裁判決や東横インの判決後は、一部の団体で割引目当ての入会が急増したという。

事業所における受信機の設置場所の確認は、基本的に自己申告制だ。NHKの職員に立ち入り調査の権限はない。が、受信契約の適切性を調査する機関はある。会計検査院だ。虚偽申告をしていると指摘された事業所は、適用済みの事業所割引をNHKに解除され、未払い分をさかのぼって請求される可能性がある。

さまざまな取り組みによって、NHKの営業経費率は直近のピークだった05年の13・6%から18年には10・8%に下がった。とはいえ法人委託手数料のほか、事業者連携などを含む契約収納促進費がかさんでおり、経費の絶対額は増加傾向にある。「公平負担」のために、800億円近い費用を使っているのだ。

受信料収入を増やすため、どこまで金をつぎ込むのか。合理的な歯止めも必要だろう。

(中川雅博)

■ 法人委託と訪問削減で効率化
―NHKの営業経費と対受信料収入比率―

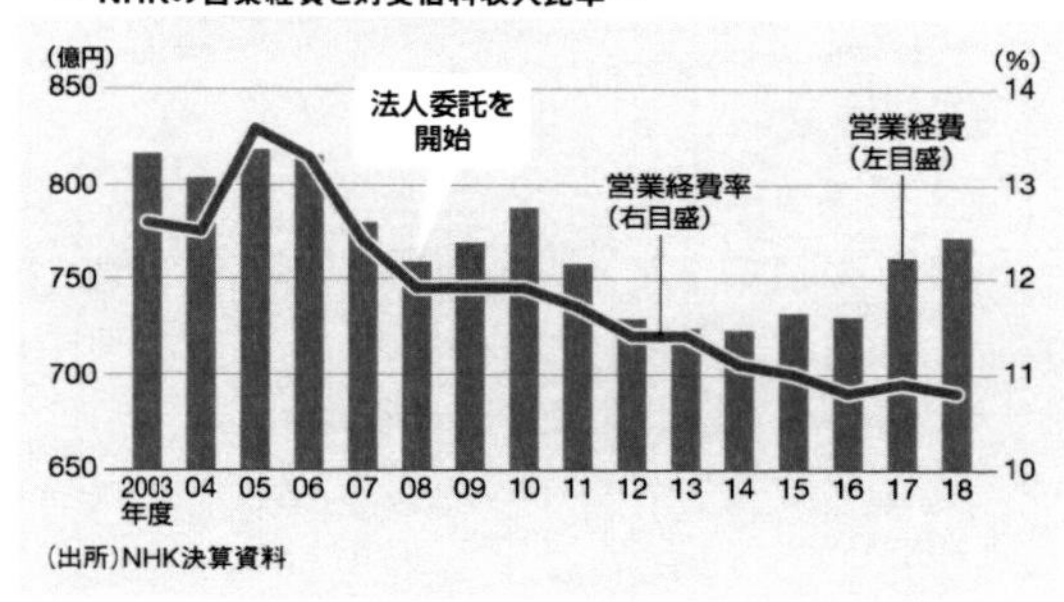

(出所)NHK決算資料

■ 法人委託増加、地域スタッフは削減傾向
―NHKの営業経費の項目別推移―

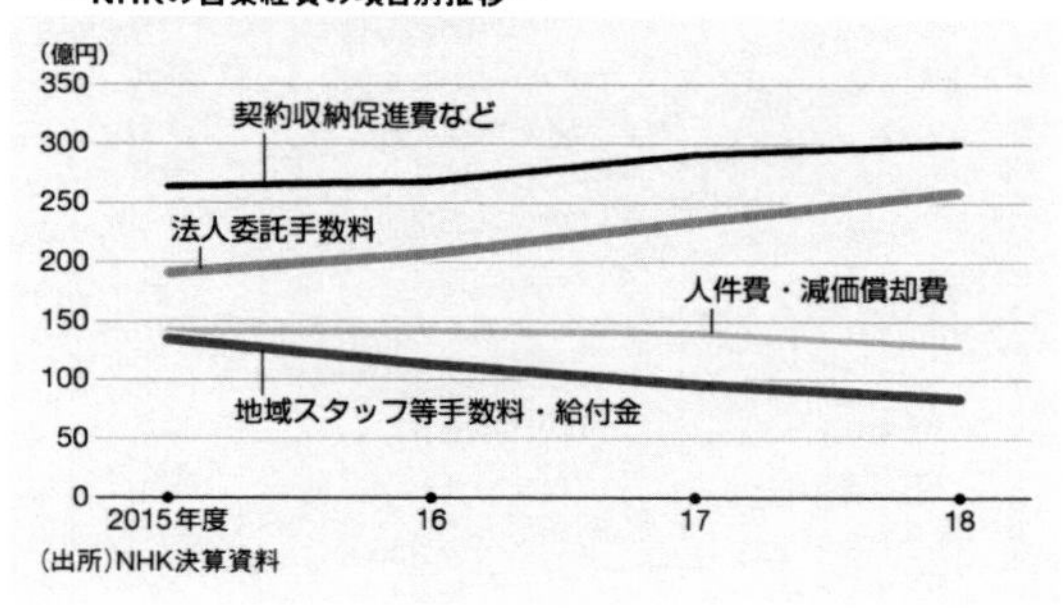

(出所)NHK決算資料

せっかく受信料を支払うなら、徴収の仕組みや安くなる方法をきちんと理解しておきたい。

Q&A　受信契約にまつわる5つの疑問

【Q1】受信機の設置状況はどう確認するのか？

基本的に訪問員が口頭で確認する。ただ面会できないことが多く、確認は難しい。そのためＮＨＫは、世帯側からの申告を求め、未設置であるとの申告がない場合は設置されていると見なす方法などを検討中だ。

一般家庭は世帯ごとに受信契約を結ぶため、テレビなどの所有台数に関係なく１つの契約になるが、別荘など住居が２つ以上ある場合には、住居ごとに契約しなければならない。

事業所の場合は自己申告制だ。ＮＨＫから送られる設置状況調査票に記入する。

【Q2】テレビ付き携帯電話やカーナビも対象?

ワンセグ放送を受信できる携帯電話、テレビ視聴が可能なパソコンやカーナビは受信契約の対象になる。ただし一般家庭は自宅にテレビがあって受信契約を結んでいれば、追加で支払う必要はない。

事業所はテレビ付きカーナビが設置されている自動車ごとに契約が必要だ。パソコンの場合、同じ部屋にテレビがあれば、その部屋でまとめて1つの契約となる。

【Q3】どのような割引制度があるか?

一般家庭、事業所ともにさまざまな制度がある。家庭向けでは「家族割引」がある。同一の契約者が複数の受信契約を結んでいる場合（別荘や別宅など）や、同一生計である複数人がそれぞれ受信契約を結んでいる場合を対象に、２契約目から半額にするものだ。また、衛星契約を結ぶケーブルテレビ加入者は「団体一括支払」で月額200円割引される。

「事業所割引」は同一敷地内に設置した受信機すべてで必要な契約を結び、一括して支払う場合、2契約目から半額となる。さらに衛星契約が10件以上の場合、「多数一括割引」として、1件当たり300円差し引かれる。

そのほか、奨学金受給対象の学生や障害者、社会福祉施設、学校などは受信料が免除される制度がある。災害で被害を受けた建物のテレビについても免除が適用されることがある。

【Q4】受信契約は解約できるのか?

可能だ。受信機を設置した住居に誰も住まなくなる場合、例えば一人暮らしをやめて実家に戻ったり、単身赴任が終わったりして2つの世帯が1つになる場合は、いずれか一方が解約の対象となる。また、廃棄や故障、譲渡などによって受信機がすべてなくなった場合も解約となる。解約を希望する場合はNHKふれあいセンターに連絡し、所定の届出書を提出する必要がある。

【Q5】スクランブル（限定受信）にならない?

ＮＨＫや総務省は受信料を「放送の対価ではなく、事業を維持していくためのもの」としており、導入に否定的だ。

「独立性」は守られているか

問われる受信料制度の意義

金融ジャーナリスト・伊藤　歩

放送法64条は、テレビ受像器の設置者とNHKとの受信契約締結を義務づけている。なぜそんな決まりができたのか。

日本でテレビ放送が始まったのは終戦から8年後の1953年。それ以前はラジオ放送しかなかった。しかも民間のラジオ放送局が誕生したのは51年。テレビ放送開始の2年前だ。それまでは、放送局といえばNHKのことだった。

国民を欺いた過去

戦前の大日本帝国政府は、民間放送局の設置を認めない一方、ＮＨＫを政府のプロパガンダ機関と位置づける形で、厳しい言論統制を図っていた。ＮＨＫのルーツといえるラジオ放送局が、東京、名古屋、大阪の３カ所に設けられたのは１９２４～２５年。いずれも当時の逓信省の方針によって社団法人として設立された。翌２６年に３社は統合。ラジオの全国放送の運営会社として、社団法人日本放送協会が発足している。受信者が料金を支払うシステムは、その頃にスタートした。

NHKに料金を支払うシステムは戦前から続いている
―受信料制度の歴史―

1926年 社団法人日本放送協会発足

→ ラジオ放送の受信者は日本放送協会と聴取契約を結び、国から受信機設置許可を得る必要あり。
開始時の聴取料は月額1円。無許可で受信機を設置した者は1年以下の懲役または1000円以下の罰金

50年 電波3法(電波法、放送法、電波監理委員会設置法)が成立
社団法人日本放送協会を解散、特殊法人日本放送協会設立

→ 聴取料から受信料に

53年 総合テレビ本放送開始 → 料金がテレビとラジオの2本立てに

59年 教育テレビ放送開始

60年 カラーテレビ本放送開始

68年 カラー料金を新設、ラジオ受信料廃止

69年 FM本放送開始

89年 衛星第1、第2テレビの本放送開始 → 衛星放送の付加料金を導入

2000年 衛星デジタルテレビ放送開始(ハイビジョン、衛星第1、衛星第2)

03年 地上デジタル放送開始

07年 地上波と衛星放送とでカラー契約と普通契約(白黒)を統合

08年 NHKオンデマンド開始

11年 衛星放送をBS1とBSプレミアムに再編
テレビ放送完全デジタル化

(出所)NHK受信料制度等検討委員会、NHK放送文化研究所、総務省の資料

当時の事情は、12人の放送法の専門家が共同執筆した『放送法を読みとく』（商事法務）に詳しく記されているので、そちらも参考にしてほしい。

米国では1920年に世界初のラジオ放送局が開局すると、瞬く間にラジオブームが起きた。日本でも国民からラジオ放送局開局を熱望する声が上がったため、逓信省も調査を開始したという。

逓信省はこの時点ではまだ、民営のラジオ放送局に否定的ではなかったようだが、開設許可を3大都市に1局ずつしか認めない方針を打ち出したところ、出願者同士の利害が絡み合い、各都市での出願者の一本化作業が難航。

事態を打開するため、放送事業を株式会社ではなく非営利の社団法人とすることで一本化を図った。その結果、ラジオ放送局運営の主導権が、民から官に移ってしまったという。

わずか1年で3社が統合されたのも、全国に普及させる必要性からのことだったようだが、NHKは開局時点から逓信省による厳しい監督と言論統制を受けたという。

1925年といえば治安維持法が誕生し、大正デモクラシーが終焉を迎えた年である。調査を開始した22年からわずか3年で逓信省の姿勢が大きく変わった理由はこのあたりにあるのだろう。

1940年に誕生したばかりの内閣情報局にNHKの監督権限が移管されると、NHKは政府のプロパガンダ組織としての機能をより先鋭化させる。

内閣情報局は、各省に分散していた情報部門を統一して内閣直属とし、戦争に向けた世論形成と思想の取り締まりを行った情報機関である。新聞など他のメディア同様、NHKが終戦まで、大本営発表の虚偽の戦況と軍部礼賛の報道によって、国民を欺き続けたことは言うまでもない。

終戦後はGHQ主導で報道機関の民主化が図られていく。1950年には放送法、電波法、電波監理委員会設置法（いわゆる電波3法）が誕生。NHKを「国営放送」から、国家権力からも資本家からも独立した「公共放送」に転換させる一方、民放の参入を認めて適切な競争を促す、いわゆる二元体制が打ち出された。

受信料制度は、国家権力からも資本家からも独立した組織を維持するために、国民に負担を求める制度にほかならない。

戦前にも聴取料という制度はあったが、これが国家が提供するサービスに対する対価であったのに対し、受信料は放送の自由、言論の自由を守るために、言い換えればNHKの編集権の独立性を守るための経費を国民が負担する制度だ。

国民負担ゆえに予算は国会で報告し、経営を監視する経営委員は国民の代表である国会の承認を経て内閣総理大臣が任命。業務執行を担う会長は経営委員会が任命する制度になっている。

ここで重要なのは、編集権の独立性を守るために受信料を徴収しているということだ。国家権力からの独立性を失っている、もしくは自ら独立性を放棄しているなら、受信料を徴収する根拠を失う。

放送局を規制する法律に

日本では放送局の許認可および監督権限は総務省にあるが、欧米諸国を見ると、第三者の独立機関が権限を握っているというのがスタンダードである。

日本にも電波3法が施行された1950年から2年間だけ、電波監理委員会という独立機関が存在し権限を握っていた。ところがGHQによる占領終了とともに電波監理委員会設置法が廃止され、同委員会は解散。権限は郵政省（現・総務省）に移管された。

電波監理委員会設置法が欠けたことによって弊害が生じた。例えば、電波法の条文には放送法違反を理由とする行政処分を下せる部分だけが残るなど、法体系がいびつになった。

放送法に詳しい専修大学文学部ジャーナリズム学科の山田健太教授は「放送法は本来、放送の自由を守るための法律だ。ところが行政は1980年代半ばごろから、放送局を規制するための法律として解釈するようになった」と指摘する。

象徴的なのは、2016年2月に起こった高市早苗総務相（当時）による「電波停止」発言である。

衆議院予算委員会の場で、「放送法4条に定める政治的公平に違反した放送が行われた場合、電波停止を命じる可能性があるのか」との質問に対し、「将来にわたり可能性がないとはいえない」と発言した。放送内容が政治的公平に抵触しているかどうかを判断するのは法の趣旨からすれば視聴者であるはずなのに、行政が判断するという解釈をしているゆえの発言であろう。

ＮＨＫの振る舞いにも問題がある。ＮＨＫは国会における予算報告について、自民党に事前説明に行くなど、自ら介入を招きかねない行動をやめない。

外部から番組への介入を許すようになれば、戦時下の教訓から生まれた、国民がＮＨＫの独立性を守る仕組みは名実ともに崩壊する。それはＮＨＫが受信料徴収の根拠を喪失することを意味し、ＮＨＫの崩壊につながることを経営陣は自覚すべきだ。

伊藤　歩（いとう・あゆみ）
1962年神奈川県生まれ。複数のノンバンク、外資系銀行、信用調査機関を経て現職。著書に『ＴＯＢ阻止完全対策マニュアル』『弁護士業界大研究』など。

費用を負担するのは消費者

NHKが搭載をごり押し　物議を醸す受信料督促チップ

ジャーナリスト・本田雅一

2018年12月に始まった4K・8K衛星放送。NHKは積極的に高精細の映像や番組を制作しているが、放送開始に当たってチューナーへの搭載が必須とされた「ACASチップ」に関する問題は棚上げにされたままだ。

ACASとは、有料放送事業者によって設立された新CAS協議会（現在は民放キー局も加盟）が電機メーカーの協力を得て開発した、契約者以外の視聴を防ぐ新しいCAS（限定受信システム）のことだ。CASそのものはBSデジタル放送開始時に導入され、B-CASカードが使われてきた。

ACASとB-CASは異なる団体が定めたものだが、機能の枠組みは同じ。B-

ＣＡＳカードやＡＣＡＳチップがなければ、地上波やＢＳの放送が基本的に視聴できない仕組みになっている。

問題はそのコストを誰が負担するのかという点だ。Ｂ－ＣＡＳカードの場合、カードスロットを機器に搭載するコストはメーカーが負担し、カードや運用のコストは受益者である放送局が負担している。

ところがＡＣＡＳチップは、新ＣＡＳ協議会が用意するＡＣＡＳチップをメーカーが購入し、製品基板に直接搭載する。チップを搭載しなければ、４Ｋ・８Ｋ放送を受信できない仕組みになっているため、メーカーは対応せざるをえない。その分コストが押し上げられ、製品価格はチューナー１台当たり１０００～２０００円上乗せされる。最終的にＡＣＡＳチップの費用を負担するのは、機器を購入する消費者だ。故障修理の負担もカードよりチップのほうが高いうえ、故障原因の切り分けができないため保証期間内ならメーカー、期間外なら消費者の負担だ。

本来ならばチップやそれを組み込んで機能させるためのコスト、故障時の対応コストなどは、受益者である新ＣＡＳ協議会の会員企業が負担すべきことは明白だ。そのため電機メーカーは、「消費者の目が届かないところで、有料放送事業者が負担すべきコストを転嫁している」と反対していた。

無料の民放には必要ない

ＡＣＡＳチップがなくとも、４Ｋ・８Ｋ放送は実現できる。にもかかわらず、必須と押し切ったのはＮＨＫだ。そこにはあからさまなエゴがある。

ＡＣＡＳチップには、①視聴者制御と②コンテンツ保護の２つの機能がある。放送波にはコピー制御の信号を付加して暗号（スクランブル）がかけてある。①は契約者を識別して映像の暗号を解くべきか否か、あるいは特定メッセージを表示するかどうかを決める機能であり、②は放送波の暗号を解き、付加されたコピー制御の情報に基づいて視聴できるようにする機能だ。

②について、新ＣＡＳ協議会はチップなどのハードウェアを実装しなければ安全性を確保できないと説明しているが、これはソフトウェアで解決できる。その証拠に地

上波放送は小型機器に対応するため、ソフトウェアでの処理が現在は可能となっている。

チップが必要となるのは①の場合だ。ただし①は民放キー局をはじめとする無料放送局には必要ない。CASが必要なのは有料放送局だが、その現状を見ると契約者は最も多いWOWOWで286万世帯。すべての受信機にチップを搭載することに合理性はなく、必要な世帯に有料放送局がハードウェアを配付すれば済む話だ。

B-CASが採用された際、多数派である無料放送局は当初、チューナーへのB-CASカードの添付を必須としない方針だった。必要のないカードを配付するコストを負担したくなかったからだ。ところが、NHKが独断で「必須」と発表した経緯があった。

世界中のどこを見渡してもCASを必須としている国はない。なぜNHKにとってCASが重要なのか。その理由は1つしかない。受信契約を促すメッセージを表示させるためだ。つまり消費者は、ACASチップという余分なコストをNHKのために負担させられているのである。

ＡＣＡＳチップが導入されることになった経緯も不透明だ。新ＣＡＳ協議会は非公開で議論を行い、チップが必須であるとの結論を導き出した。当時の新ＣＡＳ協議会は代表理事、事務局長、運営委員長がＮＨＫの幹部や職員で固められており、放送法２０条の「受信用機器や部品の事業に干渉してはならない」という規定への違反が疑われる状況だった。

ＮＨＫとしては、約８割の受信料支払率を引き上げたいのだろう。公共放送のコストを公平に負担すべきだという点で、賛同できる面はある。しかし契約率を高めるコストはＮＨＫ自身が支払うべきだ。

ACASには消費者が必要としない機能がある
―機能の概要―

❶視聴者制御機能

契約者のみスクランブルを解除	非契約者にメッセージを表示
無料放送局には不要。有料放送局は自社負担で装置を配付すればよい	無料放送の受信には不要。主にNHKの受信料支払いを促す目的で使われている

❷コンテンツ保護機能

デジタル信号はコピーを繰り返しても、画質・音質が劣化しない。
高品質な不正コピーが流通しないように、コピー回数を制限するなど、権利保護を図る

▼

ソフトウェアで対応可能
（カード、チップは不要）

総務省はゼロ回答

では所轄官庁である総務省は、どう判断しているのか。

2017年12月の総務委員会において、「ACASチップ内蔵に関して利害のある消費者の意見を聞く場が必要ではないか」との質問が出ている。これに対して総務省は「情報通信審議会でACASチップについて、オープンな手続きを経て秘密鍵を、暗号の強度を向上するという観点から技術標準を定めた」と答弁している。

だが前述したように、暗号化の解除だけならCASは不要だ。しかも当時の情報通信審議会で決められたのは、ACASの仕組みについてであり、チップの内蔵を必須とするものではなかった。

その後、18年6月に政府が決定した規制改革実施計画では、「新たなCAS機能の今後の在り方について、消費者を含め幅広く関係者を集めた検討の場を総務省において早期に設置し、検討を促す」こととされた。総務省はこれを受け、18年11月に「新たなCAS機能に関する検討分科会」を設置し、そこで議論が行われた。

だが19年6月に公表された「一次とりまとめ（案）」による結論は、「チップ化に伴う故障時などの消費者負担の低減やCAS機能の費用分担の在り方については、放送事業者、受信機メーカーなどの関係者間での検討が進展することが期待される」というもの。実質的なゼロ回答だ。「暗号技術とCAS技術を一体化することに合理性はない」という根本的な疑問に対しても、「具体的な要望などは顕在化していないことから、本検討分科会において市場環境、技術動向などを注視しつつ、引き続き関係者による検討を促していくことが望ましい」としている。

4K・8K放送でNHKの督促メッセージを映し出すためのチップのコストは、これからずっと消費者に転嫁され続けるのだろうか。状況を改善するためには、今からでも「視聴者制御機能をチップから切り離せ」という声を上げるべきだろう。

本田雅一（ほんだ・まさかず）
技術、ネットトカルチャーを出発点に、企業や社会問題の本質を掘り下げるコラム、ルポを執筆。著書に『蒲田 初音鮨物語』『これからスマートフォンが起こすこと。』など。

受信料の使い道に疑問符

毎年、受信料の１０％弱が有価証券への投資に回されている。この事実について受信料を納める視聴者は知っているだろうか。

ＮＨＫは毎年度、財務諸表と決算説明資料をホームページで開示している。視聴者から徴収した受信料は、多少は内部留保に回していたとしても、毎年おおむね使い切っているのかと思いきや、さにあらず。一般事業会社の営業キャッシュフロー（ＣＦ）に該当する事業ＣＦが毎年１０００億円前後も発生し、その約半分前後を有価証券投資に回し続けた結果、総資産の過半を金融資産が占める事態になっている。

ＮＨＫのお金の使い方について、詳細に見てみよう。

費用の中で最も大きな割合を占めるのが国内放送費だ。番組制作費や全国への電波送信に必要な費用が計上されている。まずはＮＨＫと民放キー５局（日本テレビ放送網、テレビ朝日、ＴＢＳテレビ、テレビ東京、フジテレビジョン）の番組制作費の合計を比較した。ＮＨＫは過去１０年間で番組制作費が１７％増加しているのに対し、民放キー５局合計は１５％減っている。

民放キー５局は２００８年のリーマンショックに端を発した広告収入の減少に伴い、番組制作費を大きく削減した影響が大きい。一方、景気に左右されにくい受信料収入をベースとするＮＨＫは、着実に増やしている。なお制作費総額の多寡については、全国を対象とするＮＨＫと関東１都６県を対象にする民放キー局とでは単純比較できないことを付け加えておく。

■ 今や総資産の半分が有価証券 —NHKの資産構成推移—

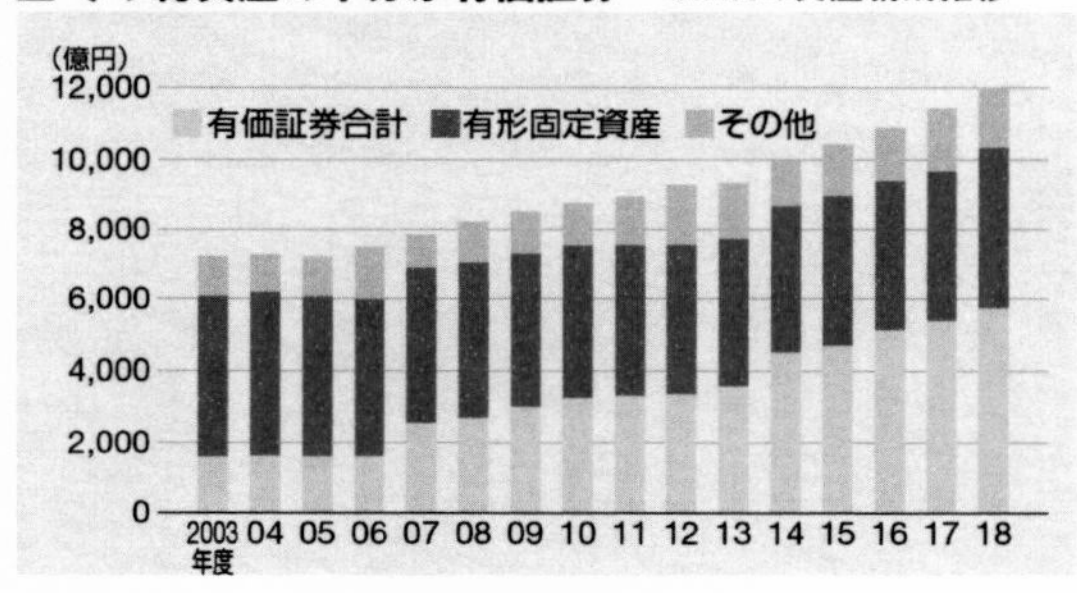

■ 拡大を続けるNHKの番組制作費 —民放キー5局合計との比較—

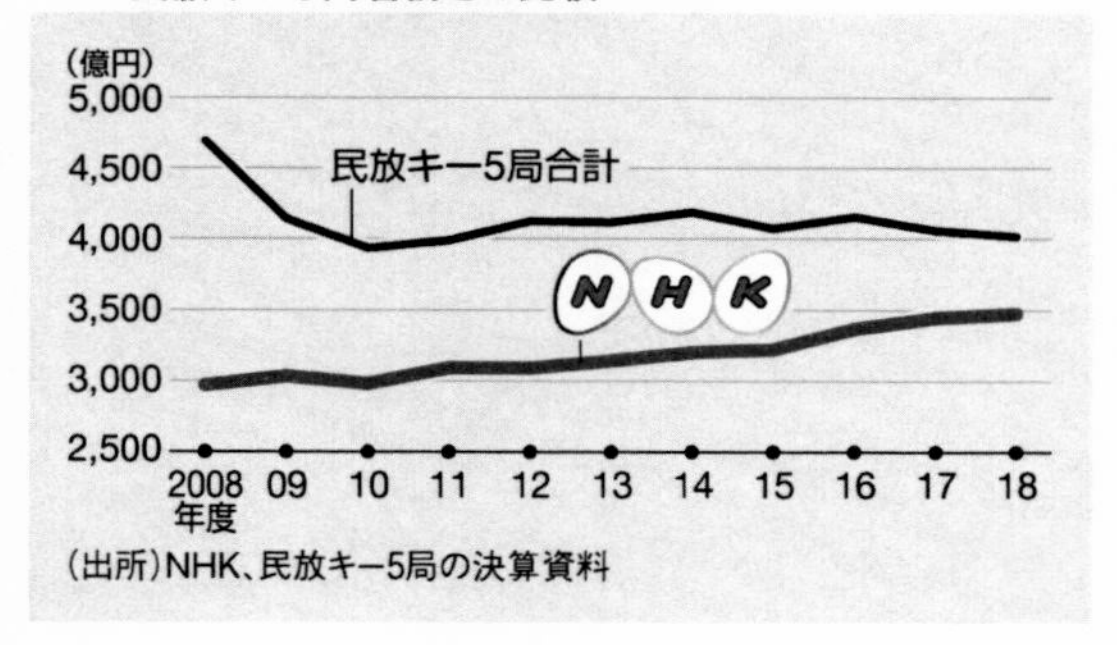

(出所)NHK、民放キー5局の決算資料

盤石な財務体質

ＮＨＫは報道・解説だけでなく、人気番組「チコちゃんに叱られる！」などに代表されるエンターテインメント・音楽伝統芸能など、幅広いジャンルの番組制作を手がけており、ジャンル別の番組制作費の内訳も開示している。２０１３年度と１８年度を比較してみたところ、伸びが大きいのはスポーツとドラマだ。どちらも5年間で約１・3倍になった。

番組1本当たりの制作費について、ＮＨＫは民放の2倍〜数倍の制作費をかけるといわれる。根拠となるデータが存在しないので定かではないが、民放より多いのは確かなようだ。民放関係者からは「ＮＨＫがうらやましい」という声をよく聞く。視聴率はテレビ朝日やＴＢＳと2〜4位争いをするほどで、「民業圧迫」という批判もある。

スポーツやドラマの制作費が急増
―2018年度のジャンル別番組制作費―

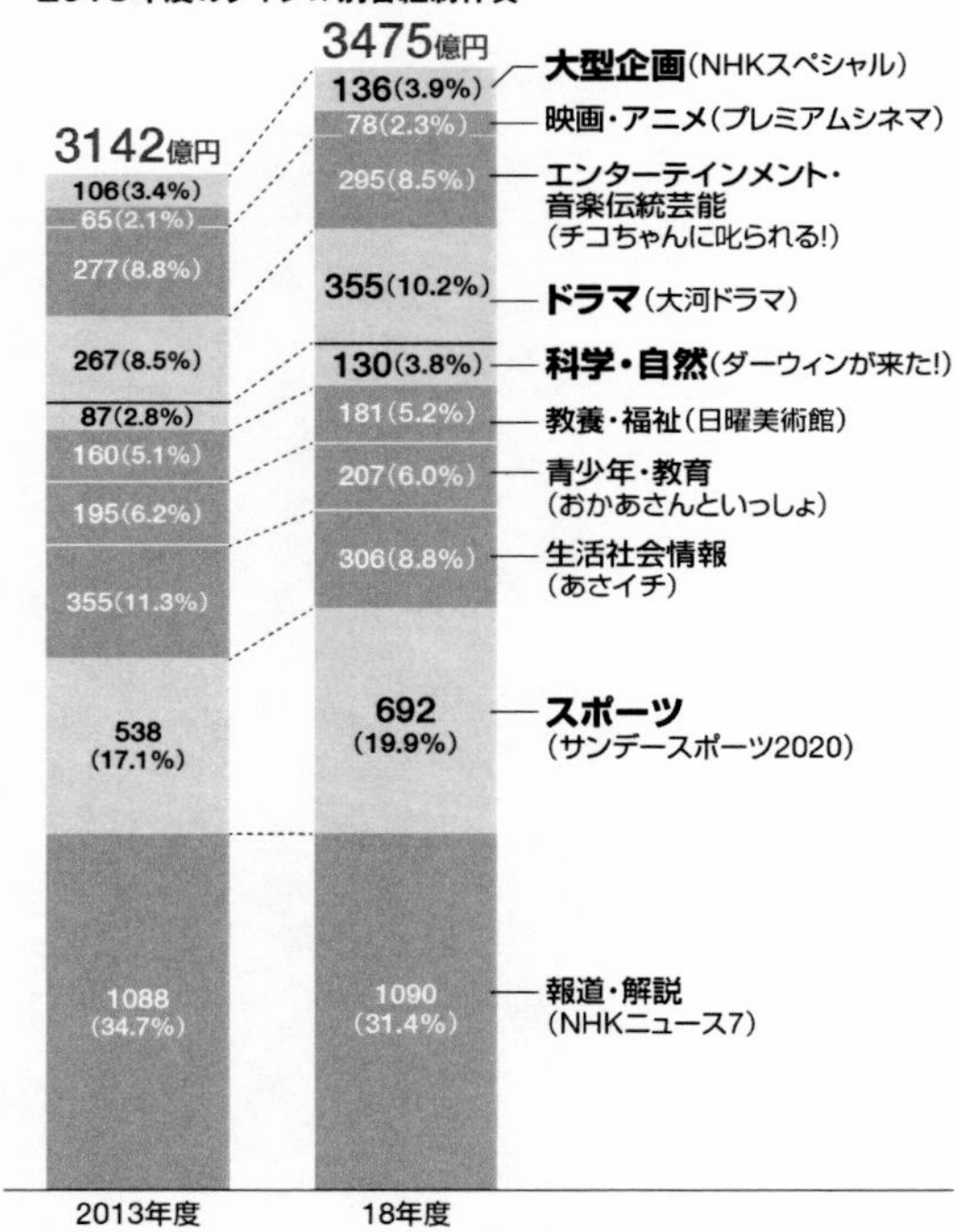

(注)数値のカッコ内は構成比、ジャンル名のカッコ内は代表的な番組名　(出所)NHK決算資料

だが本当に驚くのは、財務体質の盤石さである。番組制作に贅沢に資金を投入し、職員に平均1000万円の給与を支払ってもなお、毎年莫大な金額の余資が発生している。

キャッシュフロー計算書の開示が始まった2008年度以降の単体事業CFの発生額を追ったところ、18年度までほぼ毎年1000億円前後の事業CFが発生している。例外はまとまった額の未払い金の支払いや引当金の取り崩しが一時的に発生した13年度だけだ。

直近の18年度の事業CFは1216億円。これに対して投資活動によるCFは1266億円のマイナスだった。投資の中身を見ると、有価証券の売却・償還で約200億円、利息や配当金の受け取りで40億円のキャッシュが加わる一方、約900億円が固定資産の取得、595億円が長期保有有価証券の取得に使われている。

毎年積み上がった有価証券の帳簿残高は実に4022億円。このほかNHK放送センターの建て替え（2020年秋着工、36年竣工予定）のための積立資産勘定にも1707億円の有価証券が計上されており、合計で5729億円に上る。

この額は1兆1940億円ある総資産の47・9％を占め、有形固定資産残高4610億円を上回る。現預金780億円も加えた金融資産残高は6510億円となり、総資産の54％を超える。

余資は公共債に投資

有価証券の中身は大半が国債や政府保証債などの公共債であり、金融資産から得られた収益は40億円。利回りにするとわずか0・61％でしかない。

さらに、この15年間で金融資産がどれだけ積み上がったのかを見てみると、その結果には愕然とさせられる。03年度末時点の金融資産残高は、現預金684億円と有価証券1583億円の合計2267億円なので2・8倍、金額にして4242億円も増えた。放送センター建て替えのための資産を除いても、2・1倍だ。

公共放送として経営の安定性は重要なことである。ただ毎年の受信料収入から約13～16％程度の事業CFが生まれ、受信料収入の7～8％は余資となって有価証券への投資に回っている。そういう実態を理解したうえで、現在の受信料の水準が妥当なものと考える国民がどのくらいいるのだろうか。

それでもＮＨＫはなお、負担の公平性を盾に徴収強化を推し進め、受信料を徴収する対象の拡大を虎視眈々と狙っている。今回紹介した数値はＮＨＫがこれまで堂々と開示していたにもかかわらず、それほど認知されていない。

公共放送の運営に必要な額はいったいいくらなのか。きちんと議論をする必要があるだろう。


（金融ジャーナリスト・伊藤　歩）

ネット同時配信の行方

ＮＨＫにとってはちゃぶ台返しを食らった気分だろう。高市早苗総務相は２０１９年１１月８日、ＮＨＫが提出したテレビ番組をインターネットで常時同時配信するための実施基準案の再検討を求めた。実施基準を総務省が認可しなければ、ＮＨＫは同時配信を始めることができない。

受信料収入の拡大をもくろむＮＨＫにとって、ネット常時同時配信は悲願だ。ＮＨＫの視聴者は圧倒的に高齢者が多い。例えば、看板番組である「ＮＨＫニュース７」の視聴者層は６０〜７０代が中心。近年は若年層を中心にテレビを持たない人も増えており、このままでは収入が先細りしかねない。スマートフォンやパソコンなどでも視聴できるようにすることで、テレビを見ない世代に放送を届け、将来的な受信料の支払い対象者を増やす狙いがある。

2000年開始のニュースサイト「NHKオンライン」を皮切りに、過去に放送した番組を有料で配信する「NHKオンデマンド」や五輪競技のネット中継など、NHKはすでにネット分野に進出している。ところが同時配信については、災害時などを除いて実現できていない。放送法で認められていなかったからだ。

上田会長が積極推進

同時配信に対しては、受信料の負担増を懸念する視聴者の反発に加え、民間放送連盟や日本新聞協会といった民間の業界団体などからの反発も相次ぐ。

一例が上田良一NHK会長の諮問機関である「NHK受信料制度等検討委員会」の提言への反応だ。

上田会長は同時配信を最重要課題に位置づけ、17年1月の就任後すぐに有識者を集めた検討委員会を設置。配信事業をどのような財源で行うかについての議論が行われた。5カ月後に出た委員会の提言では、すでに受信契約をしている世帯には追加負担を求めない、テレビを持っていなくてもスマホなどで同時配信を見た視聴者からは受信料を徴収する、といった考えが示された。

これに批判が殺到。視聴者からは「従来の受信料の考え方をネットにまで適用するのか」、新聞・放送業界からは「新規事業なのか、放送の補完なのか明確でない」などとの声が上がり頓挫した。

批判を抑え、放送法改正にこぎ着けなければ、同時配信は実現できない。そこでNHKは方向転換する。委員会の提言から2カ月後、常時同時配信は「放送の補完」とする路線を打ち出し、既存の受信料収入の範囲内で配信費用を賄う方法を提案。未契約者の配信画面には、契約の確認を促すメッセージを表示することになった。

肥大化の懸念を拭えない総務省、民放や新聞などが求めた「既存業務の見直し」「受信料の引き下げ」「ガバナンスの改善」の三位一体の改革を行うという条件も受け入れた。こうした地ならしのかいがあって、19年5月に改正放送法が成立。NHKは地上波放送をインターネットで常時同時配信することが可能になった。

その後も民放との融和を図っている。民放各局が合同で展開する見逃し配信サービス「ＴＶｅｒ（ティーバー）」で、ＮＨＫは１９年８月から放送した番組の一部を配信している。１９年１１月初旬、民放各社が一堂に会した民間放送全国大会では上田会長が登壇し、「民放とのコミュニケーションを重視してきた」と強調した。

同時配信が「放送の補完」となったことで、テレビから離れた世代にリーチするという当初のＮＨＫの狙いは形骸化した。それでも同時配信を始められさえすれば、いずれ受信料収入の獲得につなげていけるという考えがあるようだ。

ＮＨＫは今のところ「常時同時配信で、スマホやＰＣなどの所有者が新たに受信料を負担することはない」と説明しているが、ある現役職員は「（ＮＨＫが）ネット同時配信で受信料を徴収する方向に動いているのは間違いない」と明言する。実際、ＮＨＫの経営委員会でも同時配信の開始を見据え、複数の委員から「新しい受信料制度を検討していくことも大事だ」という発言が出ている。

同時配信の開始まであと一歩のところで、冒頭のように総務省から「待った」がかかったのは、ＮＨＫにとって大きな痛手だ。高市総務相は「三位一体改革で、それぞれの改革の現状について整理し、取り組みの徹底を図ることが必要」と言う。

NHKの常時同時配信には反発が相次いだ

視聴者
ネットを利用するだけで
受信料を払わないと
いけないの?

民放
NHKは自分たちだけで
進めず、民放と協力を。
そして、受信料収入の
2.5%以下での実施を!

NHKの当初の想定
常時同時配信のみの
利用でも料金を徴収

政治家
NHKは常時同時配信を
したいならば、
受信料の値下げを
考えるべきだ!

新聞
NHKの常時同時配信は
「民業圧迫」だ。
肥大化は民間メディア
への脅威となる!

各方面からの
批判で方針転換

NHKが受け入れた要求

- テレビの受信契約者のみが実質視聴可能に
- 配信費用は受信料収入の2.5%以下に
- 「TVer」への番組提供など民放との協力
- 受信料の一部値下げ など

膨張する配信費用

総務省がまず問題視したのは配信に関する費用だ。

ＮＨＫは同時配信を含めたインターネット活用業務の費用を受信料収入の２・５％以下にするとしている。ただし東京五輪、国際配信、字幕や手話への対応、民放との連携や地域番組の配信にかかる費用については、「公共性が高い」として上限の対象外とした。総務省はこれら対象外のものを含むと費用が３・８％相当まで膨らむと指摘。原則として２・５％に収めるべきとの考えを示した。

問題視した点はほかにもある。例えば、東京五輪期間中に限り受信未契約者でもメッセージ表示なしで視聴できるほか、見逃し配信も無料で見られる点。受信料負担の公平性や市場競争の観点から、こうした特例措置は設けるべきでないとした。また民放との連携・協力に関して、常時同時配信における地方向け放送の提供の時期・内容を明確にすべきとしている。

総務省はＮＨＫに対し、12月8日までに再検討結果を提出するよう求めていた。

同時に総務省は一般からの意見を募集しており、それぞれの内容を勘案して、同時配信の認可の可否を判断する見込みだ。

二の足を踏む民放

同時配信へ前のめりなＮＨＫに対し、二の足を踏んでいるのが民放だ。その背景にはいくつかの理由がある。

最も大きな理由は、収益化できるかどうかだ。実際、テレビ朝日の早河洋会長は19年5月の決算発表の場で、「常時同時配信は収支が成り立つのかということが各局の共通認識だ」と発言している。

広告収入は頭打ちといえども収益の源泉である、番組と番組の間に流すスポット広告のビジネスは、限界利益率が80％を超えるともいわれる。「同時配信の収益モデルが確立していない中で、誰もこの高収益モデルを犠牲にしたいと思わない」（証券アナリスト）。月間アクティブユーザー数が900万を超えた見逃し配信サービス「Ｔ

Ｖｅｒ」でさえ、各局の広告収入は年間数十億円にすぎない。

作品に絡む著作権や出演者に帰属する著作隣接権といった権利処理の問題もある。テレビ番組のネット配信に詳しい元フジテレビＩＴ戦略担当局長でワイズ・メディア取締役の塚本幹夫氏は、「これまでの日本のテレビ業界は、さまざまな契約がテレビだけに出ることを前提としてきた」と指摘する。そのためネット配信の場合は契約を結び直さなければならない。

「常時同時配信になったときに、権利的な問題がないか毎日２４時間チェックするのは現実的ではない。法体系を変えて、同時配信も放送の１つと見なせるようにするなどの検討が必要だ」（塚本氏）

さらに俳優やタレントの出演料にしても、配信が加われば費用が膨らむ可能性もある。「相場観が決まっていない中で、大きな予算を持つＮＨＫが先に決めに行くことになる。そこをかき回されたくないというのが、民放の本音だろう」（前出のアナリスト）。

地方系列局の問題も無視できない。以前は「ただ東京（キー局）の番組を流していれば〝左うちわ〟だった」（地方局幹部）。しかし、ここ数年で広告収入が落ち込み、その勢いはない。キー局が常時同時配信に踏み出せば、自社制作比率が5～10％と低い地方局には打撃となる。総務省「放送を巡る諸課題に関する検討会」メンバーで電通総研フェローの奥律哉（りつや）氏は、「（放送エリア別に同時配信を行う）地域制御が前提となる。そうしないとビジネスの秩序がなくなってしまう」と指摘する。同時並行的に地方局の再編論議も本格化する可能性がある。

ただし、民放各局とも静観していられる状況でもない。テレビ業界全体は今、3つの逆風にさらされているからだ。

1つ目はデジタルメディアの台頭だ。スマホの普及などによって、若年層を中心にテレビの視聴時間は減少傾向にある。民放の命綱である広告収入は頭打ちだ。

2つ目はテレビの保有率だ。こちらも若い世代を中心に下降の一途をたどる。

そして3つ目は、強力なライバルが登場したことだ。「ネットフリックス」や「アマゾンプライムビデオ」などの動画配信サービスは、ユーザーの多くがテレビで視聴する。テレビ局が電波で独占していた世界は、テレビデバイスがネットにつながることで崩れたのだ。今やテレビのリモコンには配信サービスのボタンがあふれる。「テレビはもはや巨大なiPadのようなものだ」。前出の電通総研・奥氏はそう指摘する。「テレビを見ていない人がネット配信で見てくれるのなら、やらない手はない。視聴者へのリーチがないと、広告収入は上がらない。電波だけでなく、同時配信も当然やるべき」（奥氏）

新たな視聴者を獲得していくためには、同時配信は避けて通れない道だろう。だからこそ、民放各局は固唾をのんでNHKの動向を見守る。

民放連が2018年10月に発表した「NHK常時同時配信の実施に関する考え方について」という文書には、8項目の要望が挙げられた。ある民放関係者によれば、「この項目は民放が重視している順番に並んでいる」と明かす。

初めの3項目を見ると、①区分経理の採用によるインターネット活用業務の見える化、②2・5%上限の維持、③常時同時配信の地域制御、が並ぶ。これは民放側がNHKに、①どういった業務にどれくらいの費用がかかるのかをつぶさに開示し、②潤沢な収入があるからといってお金を使いすぎず、③地域制御の仕組みを整備することを求めている、ということだ。

放送業界は歴史的に、ＮＨＫがカラー化、地上デジタル化、４Ｋ・８Ｋ放送など、テレビの技術革新を先導し、民放が相乗りする形で進んできた。今回もＮＨＫの動向を見ながら、民放側は次の戦略を練りたいという意図が見える。

２０２０年1月、ＮＨＫは総合テレビとEテレの番組を地上波放送と原則同時にネットでも視聴可能なサービス『ＮＨＫプラス』を、４月１日から正式スタートさせると発表した。利用には事前の申し込みによる受信契約の確認する手続きが必要としている。

一方、元総務相政務官の小林史明衆議院議員は、同時配信を「国内の視聴者を取り戻すための守りの戦略」としたうえで、「ＮＨＫと民放が共同で配信プラットフォームを作り、海外市場に目を向けなければ生き残れない」と指摘する。

電波利権に守られてきた放送業界。新たなビジネスを生み出す勝負に出なければ、ジリ貧になっていくことだけは間違いない。


（井上昌也、中川雅博）

放送の中央集権と戦ってきた

大分朝日放送社長・上野輝幸

ネット配信時代の今、民放の地方局は苦しい。そうした中、民放初の4Kシステム導入や番組の海外展開など、独自戦略で生き残ろうとするのが大分朝日放送だ。上野輝幸社長に話を聞いた。

地方局では放送（広告）収入の減少が止まらない。ただ地方ほどテレビの信頼性は高く、放送収入にもまだ可能性はある。例えば高校野球の地方大会。地元のケーブルテレビと連携し、2019年は1回戦から全試合中継した。全試合なら自分の出身校も見られる。それが地域貢献にもなる。当社としても結果的に前年比で高校野球中継の収入が倍増した。

われわれは開局が平成で後発。よそのまねはできない。だから民放で初めて4Kシステムを導入。これを活用して大分の魅力を伝える海外向け番組も制作し、総務省の事業に4年連続採択された。

配信に地域制御は必須

NHKの常時同時配信開始は時代の趨勢だし、拒否できない。ただ、地域制御だけはきっちり求めていきたい。

そうでないと、地域情報の細やかさがなくなる。（九州、四国など）ブロックごとに地方局を統合する話もあるが、福岡からもらう地域情報と大分で作るものとではまったく違う。災害は最たる例だ。東京から発信される台風報道のような、放送の中央集権的なものとは徹底して戦う。

放送以外では信頼度や情報発信力を生かし、事業の枝葉を広げる。自治体から受託した婚活事業は伸びている。番組出演者を講師にしたり、イベントの経験を生かしたりしている。

（構成・井上昌也）

上野輝幸（うえの・てるゆき）

1950年福岡県生まれ。九州朝日放送時代にドイツ特派員としてベルリンの壁崩壊などを取材。2010年から現職。

ＮＨＫが進める８Ｋ戦略

テレビ受像機市場は完全に「４Ｋ時代」を迎えている。電子情報技術産業協会（ＪＥＩＴＡ）によると、２０１８年の国内テレビ出荷台数は前年比４・２％増の４５１万台と４年ぶりに増加した。それを牽引したのが４Ｋテレビだ。

４Ｋテレビの出荷台数は前年比２８・３％増の１９８万台で、テレビ全体の４４・１％を占める（前年は３５％）。１９年３月には月間台数ベースで４９・５％、金額ベースでは７２・６％に達した。

消費者にとって４Ｋテレビはもはや特別な製品ではなくなっている。地上デジタル放送が始まった２００３年当時、将来の４Ｋテレビの市場性に疑問符をつける業界関係者が少なくなかった。そのことを考えれば、隔世の感がある。

さらに映像制作の現場はすでに8Kへと動き始めている。20年に開催される東京オリンピック（その後、翌年に延期となった）に向けてアクセルを踏み込んでいるNHKは、世界からも注目される存在だ。

2019年10月に仏カンヌで開催された、放送業界関係者が集まるテレビ番組の見本市MIPCOM。NHKは8K／HDR（ハイダイナミックレンジ。明るさの幅をより広く表現できる技術）の映像を楽しんでもらうため、8Kプロジェクションと22・2チャンネルのサラウンドオーディオのシステムを現地に空輸した。そこで8Kで制作されたドラマ「浮世の画家」を上映するとともに、主演の渡辺謙氏をレッドカーペットや会見に登場させてプロモーションを図った。

日本勢ではNHK以外でも、日本映画放送が制作した8Kドラマ「帰郷」がアジア勢初となるワールドプレミア上映作品として選ばれた。現時点では世界で唯一の8K実用放送が存在している日本の強みが認められる。

４Ｋはネット配信が先行

　では８Ｋは普及するのか。まずは４Ｋの普及を振り返ってみよう。市場拡大の下地をつくったのは、動画配信サービスや光ディスクなどの有料コンテンツだった。放送は技術規格や法制を整えたうえで、放送局側に大きな投資が求められる。それに対して、ネットでの映像配信はハードルが低い。

　パッケージ販売額の減少に悩む米ハリウッドは、４Ｋ映像を光ディスクで楽しめるＵｌｔｒａ　ＨＤブルーレイを積極的に採用した。ネットフリックスなどスマートフォンやタブレットといった端末やテレビ内蔵アプリで手軽に楽しめる動画配信サービスも、差別化を図るため４Ｋの放送設備が整う前に新技術を投入し、４Ｋ作品を積極的に提供した。

　その後、放送の世界も４Ｋにシフトしている。

　ＭＩＰＣＯＭの展示内容についても、５年前の４Ｋ映像といえば、自然科学の分野ばかりだった。ところが、スカパーＪＳＡＴが２０１５年に「スカパー！４Ｋ」を開始すると、4Kのテレビ番組マーケットが生まれ、ネット配信サービスにおける需要も加わって市場が急速に立ち上げられた。今やドラマ、ドキュメンタリー、スポーツ、バラエティーに至るまで、4K制作が当たり前になっており、視聴環境も世界的に広まっている。

制作現場には4Kの解像度を超える映像を撮りたいという需要がある。8Kの撮影に対応する機器はまだまだ少ないものの、編集環境も含めて8Kに向かうのは時間の問題とみられており、将来性はありそうだ。

8Kの現状を見ると、電機メーカーなどが着々と動き出している。韓国サムスン電子やパナソニック、中国TCLなど5社が19年1月に立ち上げた「8Kアソシエーション」は、現在16社にまでメンバーが増加した。20年1月に米国で開かれる家電見本市（CES）までには20社に増える見込みだ。

その背景には、18年12月に日本で8K実用放送が始まったことに加え、米UltraFlix、仏The Explorers、伊Chili、ロシアのMEGOGOなどの動画配信サービス会社が8Kの配信に向けて積極的に取り組んでいることがある。

仏通信衛星運営企業ユーテルサットは、18年12月にNHKの協力の下、初の通信衛星による8K放送を行った。現在もテストチャンネルを設けて、欧州向けに放送している。これは同社が持っている4Kの放送技術を拡張したものだが、ニーズがあればいつでも8Kでの放送へと移行する準備が整っている。

4Kのときと違うのは、動画配信サービス会社と並んで4K化を牽引する役割を担ったハリウッドの映画スタジオの動きだ。映画の制作・編集環境は、今のところ高精細化よりもコンピューターグラフィックスの活用に力点を置いており、制作コスト面で8K化への道はまだ見えていない。

そうした中で、すでに8K放送を手がけているNHKにかかる期待は大きい。

NHKは4Kが普及する以前に、ポストハイビジョン、すなわちフルHDの次は「4Kではなく8Kである」というスタンスを取っていた。その後4Kも次世代放送を普及させるうえで重要だと方針を転換したが、4K番組の制作だけでなく、8Kの技術開発にも引き続き力を入れている。

総務省は積極的ではない

例えば、2019年5~6月に開催された「NHK技研（放送技術研究所）公開」では、ミリ波を用いたワイヤレス伝送システムを持つ8Kカメラなどを展示した。日本の電機メーカーと協業して開発してきたもので、8K実用放送向けに投資してきた成果が見受けられた。

ほかにも「フルスペック8K」と呼ぶフレームレート（単位時間当たりの表示コマ数）が毎秒120の8K映像を伝送する技術を複数公開した。8Kという超高精細の映像を生かすには、フレームレート向上の必要がある。フレームレートが不十分だと、人の目が映像を捉えたときの解像度が下がってしまうためだ。

NHKはこの技研公開によって、実用放送開始と技術開発の両面で世界に先んじていることを示した。

総務省からはハイビジョンシステム導入時のような、8Kの放送技術の海外輸出を国として支援しようという気概が感じられない。そうした状況の中でNHKに求められているのは、国民から集めた受信料を使って進めてきた技術とコンテンツを、輸出する力を高めることだろう。具体的にいえば、８Ｋ技術の先行開発をメーカーと進めることで、８Ｋ映像撮影の時代を先取りする事業環境を生み出すこと。さらに８Ｋ制作のノウハウ、コンテンツのグローバルでの競争力を放送以外にもつなげることだ。

８Ｋ領域においては一目置かれる存在のＮＨＫだが、将来的に日本の経済的利益へとつなげることができるのか。技術開発への投資から得られる成果をきちんと示していく必要がある。

（ジャーナリスト・本田雅一）

元総務事務次官からの抗議で異例の対応

揺れる公共放送　露呈する権力への弱さ

上智大学文学部教授・水島宏明

「報道機関として不偏不党の立場を守り、番組編集の自由を確保し、何人からも干渉されない。ニュースや番組が、外からの圧力や働きかけによって左右されてはならない」NHKは取材・制作の基本姿勢を示す「放送ガイドライン」にそう記している。だが、公共放送として国家権力や特定の個人・団体などからの独立性を保ち、公正な報道ができているのか、疑問を抱く事態が起こっている。

その象徴的な事例が、2019年9月に毎日新聞のスクープで明るみに出た、かんぽ生命保険の報道をめぐる対応だ。

報道番組「クローズアップ現代＋（プラス）」は18年4月、かんぽ生命が行っていた不適切販売について、内部告発者の証言を基にした特集を放送した。続編を放送すべく、7月に情報提供を呼びかける短編動画をホームページやSNS（交流サイト）に掲載したが、日本郵政グループが「内容が一方的で事実誤認がある」などとして、掲載中止を求める書状をNHK会長宛てに送付した。

その後のNHKと日本郵政とのやり取りの中で、日本郵政側は「統括チーフ・プロデューサーが『番組制作と経営は分離しているため、会長は制作に関与しない』と説明した」と主張する。そこで日本郵政は取材・撮影の対応を控える、動画の削除を求めるといった内容の書状を8月2日付でNHK会長宛てに送付。その中で、編集権が会長にあることやガバナンス体制への認識を問う申し入れをしている。

すると翌日、NHKは続編の放送をいったん断念し、動画を削除している。

だが日本郵政は手を緩めず、10月にNHK経営委員会宛てに「会長宛ての書状への返答が得られていない」旨の書状を送付した。これを受けて同月、経営委員会は上田良一NHK会長に厳重注意した。そして執行部からは会長代理として放送総局長が日本郵政に出向き、会長名の謝罪文を手渡した。日本郵政によるNHK会長や経営委員会へのこうした働きかけが圧力や介入ではないかと論議を呼んだ。

NHKの対応に疑問符がつく ―かんぽ報道をめぐる経緯―

2018年

4月	NHK 現場・執行部	かんぽ生命の不適切販売問題を放送
7月	NHK 現場・執行部	HPやSNSに動画を掲載し、情報提供を呼びかける
	日本郵政	「内容が一方的で事実誤認がある」などとして動画掲載中止を申し入れる書状をNHK会長宛てに送付
	NHK 現場・執行部	訂正すべき事実の誤りはないとして、動画の更新版を掲載
8月	日本郵政	会長宛てに、取材・撮影の対応を控える、動画の掲載中止を求めるといった旨の書状を送付。その中で、統括チーフ・プロデューサーが「番組制作と経営は分離しているため、会長は制作に関与しない」と説明したとして、放送法上、編集権が会長にあることやガバナンス体制への認識を問う申し入れを行う
	NHK 現場・執行部	制作を統括する大型企画センター長が「番組制作・編集の最終責任者は会長と放送法に規定されている」「口頭での説明で舌足らずの部分があったかもしれない」と電話で説明。続編の放送は8月10日を目標にしていたが、取材が十分ではないとして断念。動画公開を終了
10月	日本郵政	「会長宛てに文書を送付したが、返答が得られていない」旨の書状を経営委員会宛てに送付
	NHK 経営委員会	監査委員会は「対応に組織危機管理上の瑕疵があったとは認められない」旨を報告。経営委員で意見交換後、「郵政3社側にご理解いただける対応ができていないことは遺憾」「ガバナンス体制をさらに徹底するとともに視聴者目線に立った適切な対応を行う必要がある」とし、会長に厳重注意。経営委員会から日本郵政側に書状を送ることで合意。議事録として公表されず
11月	NHK 現場・執行部	木田幸紀放送総局長が日本郵政に出向き、番組担当者の説明が不十分であった旨の会長名の書状（事実上の謝罪文）を手渡す
	日本郵政	鈴木康雄・日本郵政上級副社長が謝意を伝える書状を経営委員会宛てに送付

（出所）「クローズアップ現代＋」HP、NHK経営委員会資料、NHK会長会見要旨、各種報道を基に本誌作成

ガバナンスとは別問題

日本郵政でＮＨＫ側への働きかけの中心を担ったのが、鈴木康雄上級副社長。ＮＨＫの監督官庁である総務省の元事務次官で、放送行政に強い影響を与えた人物だ。

鈴木氏がＮＨＫを追及する際、強調したのが「ガバナンス」の欠如だった。ＮＨＫ放送総局長が会長名の謝罪文を持参した翌月、鈴木氏が経営委員会宛てに出した書状では、「かつて放送行政に携わり、協会のガバナンス強化を目的とする放送法改正案の作成責任者であった立場から」と振り返り、「放送番組の企画・編集の各段階で重層的な確認が必要である旨指摘しました」と記している。

ＮＨＫの番組責任者が日本郵政側に対し、実際にどのような説明をしたかはわからない。だが、もし日本郵政側が指摘するように「番組制作と経営は分離しているため、会長は制作に関与しない」と説明したのなら、放送法を正確に理解していない説明といえる。鈴木氏がこの点について、職員教育の徹底など「ガバナンスの問題」としたのは、ＮＨＫにとって痛いところを突かれた格好だ。

とはいえ、番組責任者に抗議しても動画の削除に応じないからといって、ガバナンスの問題と位置づけて、執行責任のトップである会長に「職員への教育がなっていない」などと抗議するのは、問題のすり替えだ。因縁をつけて相手を脅すようでもあり、NHK側は本来、ガバナンスと動画の掲載とはまったくの別問題であると突っぱねてよいはずだ。

しかも報道に誤りがあったわけではない。日本郵政の長門正貢社長は19年9月の会見で、番組の内容について「今となってはまったくそのとおり」と話している。

それなのにガバナンスを持ち出された途端、NHKは内部調査を十分に経る間もなく、続編の放送を断念し、動画の公開も終了した。これは異例だ。鈴木氏が元総務事務次官として現在も放送行政に一定の発言力を持つほか、政権幹部にも近い存在でなければありえない対応としかいいようがない。

揺らぐ「表現の自由」

他方、経営委員会による会長への厳重注意については、経営委員会は番組の編集に関与できないと定める放送法に違反するという指摘が専門家からなされている。石原進経営委員長は衆議院予算委員会で「編集の自由を損ねた事実はない」と説明し、高市早苗総務相も「放送法に違反しない」と追認した。だが、「『今後、こういうことをするな』というのが、厳重注意の意味だ」と解説する元経営委員もいる。

職員の説明上の不手際に付け込み、ガバナンスの問題を強調した抗議によって、日本郵政側は動画削除という目的を果たした。こうした無理筋でも政権に近い人物が関わっていれば可能になる環境が、現在のＮＨＫの体制にはある。

ＮＨＫ職員の労働組合である日本放送労働組合は、今回の問題で「一般の『視聴者目線』からすれば、経営委員会に直接訴える回路を持ち得ていれば、ＮＨＫに影響を強く及ぼしうる可能性があるとの疑念を抱かれかねない」という委員長声明を発表し、危機感をあらわにした。外形的に見れば、労組の指摘するとおりだ。

ＮＨＫは総務省が監督し、会長を選ぶ経営委員は国会の同意を得て首相が任命する。予算は国会の承認を得なければならない。予算や人事を握る国やその関係者が表現内容に口を出す構図は、あいちトリエンナーレの「表現の不自由展」をめぐって行政の補助金が交付されない結果になったのと似ている。

日本では、表現をめぐるデリケートな価値があまり吟味されないまま、「ガバナンス」という組織論で片付けられる傾向が強まっている。健全な民主主義の発展のために、「番組編集の自由」など報道する側や「表現の自由」など表現する側の主張を踏まえて丁寧に議論し、どう両立させるか考える必要がある。

首相の任命した経営委員が重要事項を決定する
—NHKの経営体制—

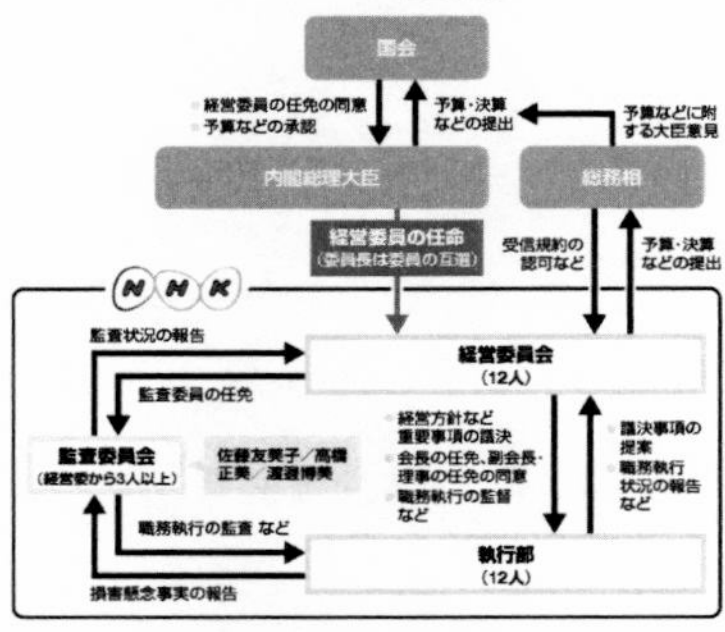

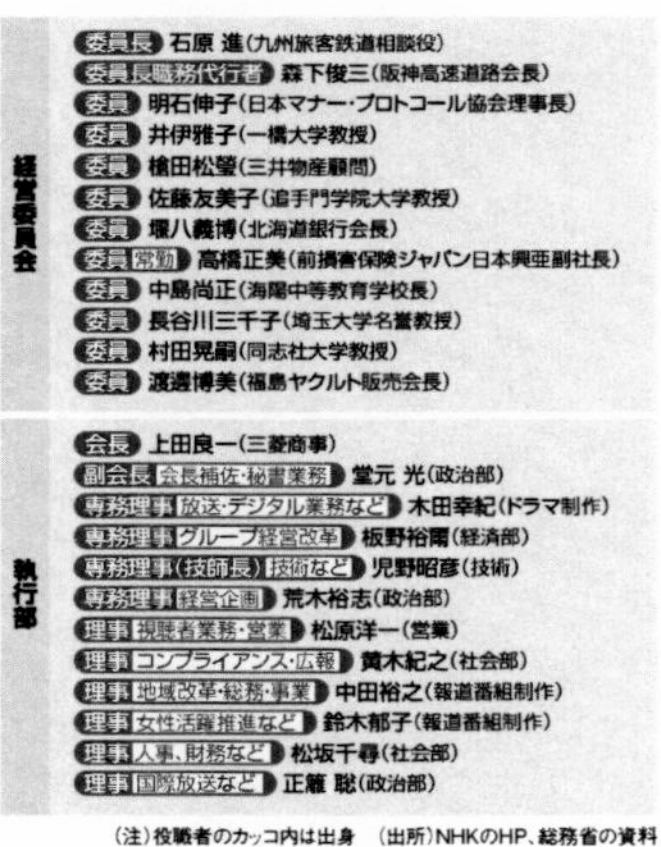

（注）役職者のカッコ内は出身　（出所）NHKのHP、総務省の資料

与党の露出時間が長い

ＮＨＫの独立性、公共性に疑問を抱く事例はほかにもある。政治に関する報道だ。第２次安倍政権の登場前後から、ニュースでの安倍首相・自民党総裁の露出が際立つなど「不自然さ」が目につく。アベノミクス、消費増税、特定秘密保護法、テロ等準備罪、安全保障関連法といった重要政策・法案の審議や国政選挙の前に、知見を持つ専門家の声を伝えたのはごくわずか。政府や与党の主張を記者が説明するだけの解説報道ばかり目立つ。

筆者は近年、国政選挙のたびに、告示（公示）後から投票日前夜までの選挙期間中のニュース番組における各党党首らの露出時間（肉声を発している時間）を測定している。民放の場合、ほぼ各党で機械的に均等になるように編集されるのに比べて、ＮＨＫは与党党首である安倍首相の時間が極端に長い。

例えば２０１９年７月４日の参院選公示日のＮＨＫ「ニュース７」における「党首らが各地で支持を訴え」のＶＴＲの時間を比較すると、自民党・安倍氏５６秒、立憲民主党・枝野幸男氏40秒、国民民主党・玉木雄一郎氏35秒、公明党・山口那津男氏35秒、共産党・志位和夫氏30秒、日本維新の会・松井一郎氏30秒、社民党・吉川元氏16秒と傾斜配分されていた。またスタジオに出演した党首らの「訴え」も同様に傾斜配分された。安倍氏の20分26秒に対し、ほかの党首らはしだいに減少し、吉川氏は4分7秒と差がついた。

この傾斜配分についてNHKは、議席数などに応じて配分したもので、公平・中立・公正だと説明する。しかし詳しい時間配分の算出式などを明らかにしない。ブラックボックスなのに、公平などと強弁を繰り返す。露出だけを見ても民放のニュースと比べて現与党に有利な扱いだ。

社会部や科学文化部などのニュースには政権への忖度を感じる場面はあまりない。NHKの数々のドキュメンタリー番組を見る限り、その時々の政権における政策の不備を検証するなど批判的な視点から調査報道を進めている番組も多い。

筆者のように民放でニュースや報道ドキュメンタリーを担当した人間から見ると、社会の知られざる問題や不祥事などを深掘りするNHKという組織の力は民放の比ではないほど優れていると認めざるをえない。

台風19号をめぐる報道では、ニュースを拡大し、「台風・豪雨被害」を放送し続けた。アナウンサーらは「これまで経験したことがない大きな災害の危険」を警告した。放送と併せて、防災アプリやホームページなどでも情報を提供した。災害時に住民の命を守るため呼びかける緊急報道や、地域ごとのライフライン情報を伝えることにも公共性がある。ところが政治が絡むと、不自然といえるような報道が繰り返される。

最高裁判決で変貌

2004年に発覚した「紅白歌合戦」担当者による巨額の番組制作費着服事件の後、記者やディレクターを含むNHK職員が視聴者に個別に電話をかけて信頼回復を誓っていた時期があった。筆者は当時、電話をくれた職員に対して、良質な番組を放送することや社会的な問題を深く掘り下げる調査報道を進めることなどを要望したのを覚えている。その頃はNHK側も謙虚に視聴者の声に耳を傾ける姿勢があり、視聴者の声がＮＨＫ側に届くという信頼関係が残っていたように感じる。

ところが２０１７年に最高裁判所が受信料支払いの義務規定を合憲とする判断を示して以降、謙虚な姿勢は影を潜めた。ＮＨＫが気にするのは、予算や法律などを握る国会や監督官庁である総務省と国家権力の中枢、首相官邸。そんな構図がその頃から一気に進んだ感がある。国民の声に耳を傾ける「みなさまのＮＨＫ」から「安倍さまのＮＨＫ」へと変貌したと揶揄されるゆえんだ。強制力を持つ法律的な後ろ盾を得たことで、視聴者との間に存在した番組をめぐる双方向のやり取りが薄れたと感じるのは筆者だけではない。

放送法を改正してもらい、インターネットでの常時同時配信の道を開いたＮＨＫは、政府と与党に大きな「借り」を作った。前述したかんぽの報道についても、元事務次官が経営委員会に接触し、経営委員会が従順に会長を厳重注意したことを、ＮＨＫは法定の議事録に残していない。これはＮＨＫの歴史に汚点を残した。長く続く「安倍1強」政治の下、官僚たちが森友学園への国有地売却に関する公文書の改ざんに手を染めていたのと二重写しに見える。法律や規則の順守を徹底させないと、公共放送の運用が恣意的になってしまうおそれがある。

2019年7月、75歳でNHKの生放送に初めて出演した久米宏氏が「NHKは独立すべきだ。人事と予算で政府と国会に首根っこを押さえられている放送局は先進国にあってはならない」と持論を展開した。NHKが独立して民放になるのが「社会のため」と言い切った。

テレビ朝日社員で番組コメンテーターを務める玉川徹氏に「放送の公共性」を尋ねると「公共性とは突き詰めると、良心」と明言した。「番組編集の自由」は、一人ひとりの制作者の良心に行き着く。NHKのある有名な政治記者が「公共性とは国益」だと発言したとされるのとは対照的だ。

放送、そしてNHKの公共性は、国民の知る権利に奉仕するものだ。NHKは本当の意味で国から独立した組織になるべきで、制作者一人ひとりが「報道すべき」と良心に基づき取材した事実をしっかり吟味して番組制作を進めるべきだ。経営陣は外部からの圧力に屈することなく、現場の良心を最大限発揮できるように環境を整える。それこそが、放送の公共性を確保する唯一の道だと筆者は考える。

水島宏明（みずしま・ひろあき）
１９５７年生まれ。東京大学卒業。札幌テレビ放送、日本テレビ「ＮＮＮドキュメント」ディレクターなどを経て、２０１２年から法政大学社会学部教授、１８年から現職。

平均年収1000万円超！

NHK局員の給料・人事を大解剖

全国に54の放送局を持つ巨大組織であるNHK。職員数は1万人を超え、契約・派遣職員なども含めれば、その倍の規模になるとみられる。幼い頃からテレビ放送に親しむ人が多いこともあり、就職人気も高い。そんな組織の中身を解き明かしてみよう。

まずは気になる待遇。決算資料にある総人件費を職員数で割ると、1人当たりの人件費が1098万円と算出される。これを年収と考えた場合、その水準は民放キー局より低い。

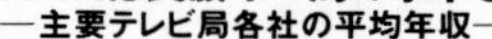
■ NHKは民放キー局の水準を下回る
—主要テレビ局各社の平均年収—

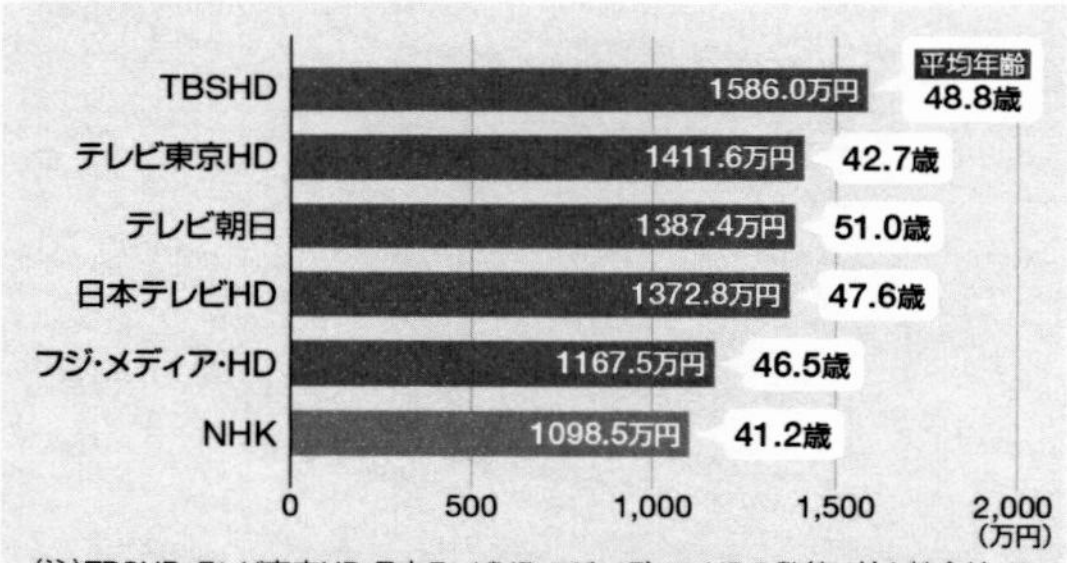

(注)TBSHD、テレビ東京HD、日本テレビHD、フジ・メディア・HDの数値は持ち株会社、テレビ朝日のみ事業会社の数値。HDはホールディングスの略
(出所)民放各社の有価証券報告書、NHK決算資料を基に本誌作成

一方で国税庁の「民間給与実態統計調査結果」によると、2018年における正規雇用の給与所得者の平均給与は503万円。一般のビジネスパーソンからすると、やはり高く見えてしまう。

職員の給与は基本的にグレードで決まる。大きく管理職と一般職に分けられており、一般職は役割に応じて下から順にA（基礎力の育成期）、B（グループの中核期）、C（管理職準備期）、S（担当分野の第一人者）に分かれる。複数の職員に聞いたところ、大半は入局年次を基に決まっているという。

40歳を過ぎたあたりから管理職になる人が出始めるが、こちらはD（行政職として業務全体をマネジメント）とE（高度な専門性を発揮して特定の業務をマネジメント）に分かれる。管理職になると月給制から年俸制に移行する。管理職の最高峰は「理事待遇」で、基本年俸は1500万円を超える。

役員（理事以上）になると年間報酬は2000万円を超え、会長は3100万円近くとなる。ただ「会長の報酬は大企業のトップと比べると安い。責任や負担の大きさに見合わない」という声は局内外に少なからずある。

会長の報酬は年間3000万円超 ―NHKの階級別給与水準―

役員	会長	年間報酬：3092万円
	副会長	年間報酬：2690万円
	専務理事	年間報酬：2360万円
	理事	年間報酬：2206万円
管理職	理事待遇	基本年俸：1556万円
	D6 ～ D8（局長クラス）／ E6 ～ E8	基本年俸：1288万～1428万円
	D1（課長クラス）～ D5（部長クラス）／ E1 ～ E5	基本年俸：913万6000～1173万円
一般職	S1 ～ S4	基本給（月額）：46万3500～54万9000円（35歳モデル年収：666万円）
	A1 ～ A2 ／ B1 ／ C1 ～ C2	基本給（月額）：16万4950～40万5000円（30歳モデル年収：528万円）

NHKの組織概要

職員数	1万0333人
平均年齢	41.2歳
平均勤続年数	17.5年
平均年収	1098.5万円

（注）全国職員（転勤あり）の場合　（出所）NHK資料「職員の給与等の支給の基準」と取材を基に本誌作成

職種は多岐にわたる

実はNHKの給与水準は一度引き下げられている。12年度に受信料の初の値下げを実施し、収入が約350億円減少。それを受けて13年度から5年間で職員の基本賃金を、10％を目安に引き下げた。13年度の役員報酬は2～3％削減され、会長の報酬は100万円減っている。

採用時の職種は多岐にわたる。民放キー局が総合職、技術職、アナウンサーといった分け方なのに対し、NHKは記者、ディレクター、アナウンサー、映像取材（カメラマン）、映像制作、映像デザイナー、音響デザイナー、放送事業のマネジメント、技術という9つに分かれるのが特徴だ。19年度の採用人数は384人で、技術を除いた放送総合職が293人、放送技術職が91人。現役職員によれば、例年の総合職は記者、ディレクター、マネジメント、アナウンサーの順に多いという。

仕事内容はおおむね職種の名前どおりだが、放送事業のマネジメントは細かく分かれている。

まず放送管理と営業企画の2つに分かれており、放送管理は財務、編成、総務、イベント、著作権、経営スタッフ、放送文化研究などが含まれる。営業企画は受信料確保のための営業活動を担当する。契約業務を委託する法人事業者や地域スタッフの管理・育成から、視聴者の理解を深めるイベントの企画まで、担う業務は幅広い。

マネジメントで採用された場合、どの職種に配属になるかはわからない。近年は受信料徴収に対する風当たりが強く、営業企画の人気は芳しくない。「営業への配属が決まり、辞めてしまう人もいる」（現役職員）という声もある。以前は放送管理と営業企画で別々に採用されていた。だが営業への応募が減り、放送管理と統合せざるをえなくなったという事情がある。

また技術も、番組に関わるコンテンツ制作技術、伝送技術に関わる放送システム開発・運用、先端研究に携わる放送技術研究、局内システムを整備する情報システム技術、NHKが管理する建物に関わる建築技術の5つに分かれる。基本的にはNHK放送技術研究所に所属することになる。映像の4K／8Kなどの先端技術はすべてこの研究所から生まれている。

入局後は基本的に地方の放送局に配属される。数年間の地方勤務の後、東京・渋谷の放送センターに異動となることが多い。その後は多くの職種で東京と地方を行き来することになる。記者やディレクターの場合は、海外勤務もある。地元に異動しそのまま残る人や、赴任先で結婚してしばらく滞在を希望する人もいるようだ。

働き方改革は進むか

労働環境には課題も多い。2013年7月に当時渋谷の首都圏放送センターに所属していた女性記者が過労死した。NHKは17年10月に初めて公表し、局内外に衝撃をもたらした。亡くなる1カ月前には都議会議員選挙、直前には参議院議員選挙の報道に関わり、参院選の投開票から3日後、うっ血性心不全で死亡した。亡くなる直前の1カ月間の時間外労働（残業）は159時間37分と、極めて長時間の労働を強いられていた。

NHKは記者の過労死をきっかけとして、組織全体の働き方改革を進めている。

17年4月には記者の勤務制度を変更。事業場外労働のみなし労働時間制に代わり、従業員の健康確保措置が求められる専門業務型裁量労働制を導入した。残業や休日出勤が一定時間を超えた場合に産業医との面談を勧めたり、休暇取得を促したりするなどの仕組みを入れた。

長時間労働の抑制に向け、地方の記者の泊まり勤務は放送局内の部署間、あるいは隣接する都道府県の間で分担し負担軽減を図る。ただ現役記者からは、「災害や選挙などのときはどうしても長時間労働になりがち」との声も聞かれる。制作現場では、18年4月からスタジオ収録を原則午後10時に終了する取り組みをしているほか、長時間になりがちな番組編集作業の期間でも休日を確保するなどしているという。

(中川雅博)

INTERVIEW

報道現場に気概はある　壊しているのは上層部

大阪日日新聞編集局長（元ＮＨＫ記者）・相澤冬樹

国有地が森友学園に格安で払い下げられた問題をめぐり、当時ＮＨＫ記者としてスクープを連発した相澤冬樹氏。だが「安倍官邸とのつながり」を薄めるように原稿を書き換えられたという。内部で組織の異変や圧力を体感してきた相澤氏は、今のＮＨＫをどうみているのか。

――ＮＨＫの報道が政権寄りだという懸念が高まっています。

現在の放送法の下では、会長人事の決定権を持つ経営委員会のメンバーは首相が選び、予算の決定には国会の承認が必要だ。人と金を握られていて、政治と折り合いをつけないといけない場面が多い。だから政治部の力が強くなる。それは仕方がない。ただ、今は折り合うというレベルを超えて、政治におもねるようになっている。「政権からの露骨な指示があるんじゃないか」と、中にいる人間も思っている。

ネタをくれる取材先とネタをもらう記者は上下関係になりやすいし、記者は取材先から気軽にものを頼まれる。昔のつながりで報道局長や経営幹部に秘書官からダイレクトに意見が来る。それに対応するのは、政権の言いなりになっているということだ。

――上層部の中には、圧力をはねつけられる人はいない?

理事の中には立派な人もいる。ただNHKは超縦割り組織。理事はそれぞれ担当が決まっていて、立場があるので、言いたくても言えないのだろう。現場には気概を持って働く人がたくさんいるが、圧力から守る壁になってくれる人がいないと力を発揮できない。

NHKの報道でおかしなものはほんの少ししかないが、そのせいで全体がおかしいとみられてしまう。それが露骨に出たのがN国党(NHKから国民を守る党)だ。

彼ら自身は泡沫候補だった頃から何も変わっていない。19年の参議院選挙比例区で90万を超える票を獲得できたのは、度が過ぎた政権への忖度（そんたく）でNHKが信頼を失ったから。NHKをぶっ壊しているのは、N国党ではなく上層部だ。

――では、どうすればいいのでしょうか。

NHKの根本的な問題は、経営委員会が政府によってコントロールされているということ。英BBCのように政府から独立した機関が監督するようにすべきだ。構造を変えるには、放送法を改正しなければならない。それには政権交代が必須だ。内部の力による改革は望めないから、外側から変えていかないといけない。

――20年1月には上田良一会長の任期が切れます。4代続けて外部から登用されてきましたが、後任が誰になるかも重要ですね。

NHKの内部では今、「生え抜きの会長を出そう」という空気を醸成する動きが出てきている。

2019年6月に上田会長の肝煎りで制作局の組織再編を予定していた。その狙いは、激務である報道局のディレクターを制作局のディレクターと一緒にして、仕事を平準化させようというものだった。ところが、「反権力の文化・福祉番組部が分割される」という情報がリークされて批判が起こり、組織再編が止まった。

それを喜んだのは、報道局出身の理事だ。報道ディレクターが制作に移ると、報道局の力が弱まる。組織再編が頓挫したことで、「やっぱりプロパー会長じゃないとダメだな」という空気も生まれた。今回のかんぽ生命保険の問題も同じ流れの中にあると思う。

会長人事で重要なのは、出身が外部か内部かではない。判断力や決断力があるかだ。

（聞き手・中川雅博）

相澤冬樹（あいざわ・ふゆき）
東京大学法学部卒業後、1987年NHK入局（記者職）。東京報道局社会部、大阪放送局府警キャップなどを経て、2016年に同司法キャップ。18年8月にNHKを退職し、同年9月から現職。

英BBCの意外な実態とこれから

在英ジャーナリスト・小林恭子

世界の公共放送において、ＮＨＫと比較対照されるのが英ＢＢＣだ。「公共放送のお手本」といわれるＢＢＣは、激変するメディア環境において、どんな取り組みをしているのか。まずはＢＢＣの概要から見ていこう。

ＢＢＣは、１９２２年に民間企業として発足し、２７年に公共企業体に生まれ変わった。当時は「市場競争に任せただけでは富の配分はうまくいかない」という考え方が政治家や知識層の間で共有され、郵便体制、漁業、水道、電力事業が公共企業体として次々と組織化されていた。

「政府から独立した公共サービスとして、できるだけ多くの人に高水準の番組を届ける」。これがＢＢＣの初代会長ジョン・リースによる経営の基本である。「視聴者に情報を与え、教育し、楽しませること」というミッションは、現在も変わっていない。

英国で最初にできた放送局がＢＢＣであった意味は大きく、その後にできた主要な民放にも「放送業は公共サービスの１つである」という概念が根付いている。

その象徴といえるのが、ＢＢＣやＩＴＶ、チャンネル４、チャンネル５などの主要局が加入する「公共サービス放送（ＰＳＢ）」という枠組みだ。ＰＳＢ免許を得る放送局は番組構成に規制がかかる。具体的には、番組内容に多様性があること、オリジナルの番組が一定数あること、ニュース報道には偏りがないことが定められている。

視聴時間は民放を凌駕

ＢＢＣの２０１８年度の年次報告書によれば、英国成人の９１％がＢＢＣのテレビ、ラジオ、オンラインのコンテンツに毎週接している。オンデマンド視聴サービス「BBC iPlayer（アイプレーヤー）」の利用回数（視聴リクエスト数）は年間３６億回で、前年比10%増えた。

視聴時間を記録する団体「BARB」が発表した2019年9月の月間視聴時間シェアを見ると、BBCは主力チャンネルであるBBC1とBBC2の合計で26・2%（BBC1のみでは20・4%）を占める。民放最大手ITVの主力であるITV1の10・2%を凌駕する。ほかの主要局は、チャンネル4が5・3%、チャンネル5が3・6%にすぎない。

BBCの収入の内訳は、視聴世帯から徴収するテレビライセンス料（NHKの放送受信料に相当）が約37億ポンド（約5200億円）で、これで国内の活動を賄う。視聴世帯とは、「放送、インターネット配信の番組を視聴、録画できる装置を設置・利用する世帯」で、支払率は94%。支払い義務に違反した場合、略式裁判により罰金が科せられる。罰金を払うという裁判所の命令に従わなかった場合、禁錮刑もある。

BBCの収入は、このほかに商業活動（出版、販売など）と国際ラジオ放送運営用の政府交付金が約12億ポンド。合計で約49億ポンドに達する。有料放送であるスカイテレビの約89億ポンド（英国・アイルランド地域の数値）には及ばないが、I

TVの放送・オンライン業務による収入約20億ポンドを大きく上回っている。英国の放送市場で大きな位置を占めるBBCの一挙一動が、業界全体の方向性を決めてゆく。

例えば、オンデマンド・ストリーミングサービスの展開だ。英国では2003年の通信法施行が、「放送と通信の融合」実現の契機になった。06年にチャンネル4が「見逃し視聴サービス」を先駆けて開始。翌年からBBCがアイプレーヤーを本格提供したことで、市場が確立されていった。NHKのオンデマンドサービスは有料だが、アイプレーヤーは無料で利用できることから、ほかの英国の放送局も無料で配信せざるをえなくなった。

今や英国の番組は放送と同時にネットで配信される。ネットにつながったデバイスであれば、同時放送中も「巻き戻し」が可能だ。ダウンロードすれば長期間視聴できる。シリーズものは、米ネットフリックスの例に倣い、1回目の放送・配信後、全エピソードを視聴できる場合が多い。番組表に合わせてテレビの前に座る必要がなくなった。BBCもそんな放送局の1つである。

■ BBCは支払い義務に違反すると罰金 ―NHKとの比較―

British Broadcasting Corporation BBC	組織の名称	日本放送協会 NHK
1927年	創立年	1926年
2万2401人	従業員数	1万0333人
オフコム（放送通信庁）	監督機関	総務省
テレビライセンス料	料金の名称	放送受信料
カラー：154.50ポンド 白黒：52ポンド	料金（年間）	地上契約：1万3990円 衛星契約：2万4770円
放送、インターネット配信の番組を視聴、録画できる装置を設置・利用する世帯	支払対象者	NHKの放送受信契約者
・略式裁判により、1000ポンド（約14万円）以下の罰金（金額は地域によって若干変わる） ・罰金を支払わない場合、禁錮刑も	支払い義務に違反した場合	・所定の受信料とその倍に相当する割増金を支払う ・支払いを3期（半年）以上延滞した場合、所定の受信料のほか、1期（2カ月）当たり2.0%の延滞利息を払う ・支払い義務の時効は5年
94.30%	支払率	81.20%

（注）NHKの放送受信料は口座振り替え、クレジットカード継続払いで12カ月前払いの場合。衛星契約の料金は地上契約含む　（出所）TV Licensing、NHKの

政府との激しい駆け引き

ＮＨＫとＢＢＣの違いで、よく指摘されるのがガバナンスだ。英国の放送業を規制・監督するのは、政府から独立したＯｆｃｏｍ（オフコム、放送通信庁）であり、政府の影響を受けないといわれる。

しかし、実態は必ずしもそうではない。ＢＢＣ以外の英国の放送事業者に放送免許を与えるのはオフコムだが、ＢＢＣの存立とその業務は、英国国王の「特許状」と、所轄の大臣（デジタル・文化・メディア・スポーツ相）とＢＢＣとの間で交わされる「協定書」で定められる。

現在の特許状は２０１７年から２７年まで有効で、協定書は随時更新される。特許状の更新間際になると、政府とＢＢＣとの間で丁々発止の駆け引きが行われるのが常だ。

２０１５年にＢＢＣと政府は「手打ち」をした。２年後の特許状更新を控え、当時の財務相はＢＢＣの悲願だったライセンス料制度の維持、およびインフレ率に連動した値上げをＢＢＣ経営陣に認めたが、その条件として、７５歳以上の人がいる世帯のライセンス料をＢＢＣの予算から拠出するという制度を受け入れさせた。

７５歳以上の人がいる世帯の無料化は２０００年、労働党政権が年金生活者の貧困を緩和する政策として導入したものだ。それまでは国税によって負担されてきたが、ＢＢＣが肩代わりすることになった。ＢＢＣでも政府から完全には独立できていないのだ。

なお、戦いはここで終わらなかった。ＢＢＣが高齢者のライセンス料負担を開始するのは２０年6月。その前にＢＢＣは意見を公募し「ＢＢＣが負担する必要はないという意見が大部分だった」と主張して、全額負担を拒否した。そして「年金クレジット」という支援金を受け取る年金生活者（低所得の高齢者）の分に限り負担すると発表。それ以外の世帯は、ライセンス料を払うことになった。

政府という巨大権力を相手にするとき、「公の意見がこうだから」という形で自分の身を守るのが、ＢＢＣのやり方なのである。

英国には、日本の「ＮＨＫから国民を守る党」のように、「ＢＢＣをぶっ壊せ」と呼びかけ、ＢＢＣの存続事態を否定するような政党はない。その理由として、ＢＢＣが英国内で特別な位置にあることが挙げられる。

ジャーナリズムが専門である英キングストン大学のブライアン・カスカート教授によると、ＢＢＣは英国を英国たらしめ国民を1つにまとめる仕組みである「王室」「軍隊」「国民医療制度」「福祉制度」と同列に並ぶという。開局時から現在まで、誰もがＢＢＣの番組を視聴し、その記憶を共有してきた。ＢＢＣは英国に住む「みんなのもの」なのである。

監督を担う機関は政府から独立している―BBCのガバナンス体制―

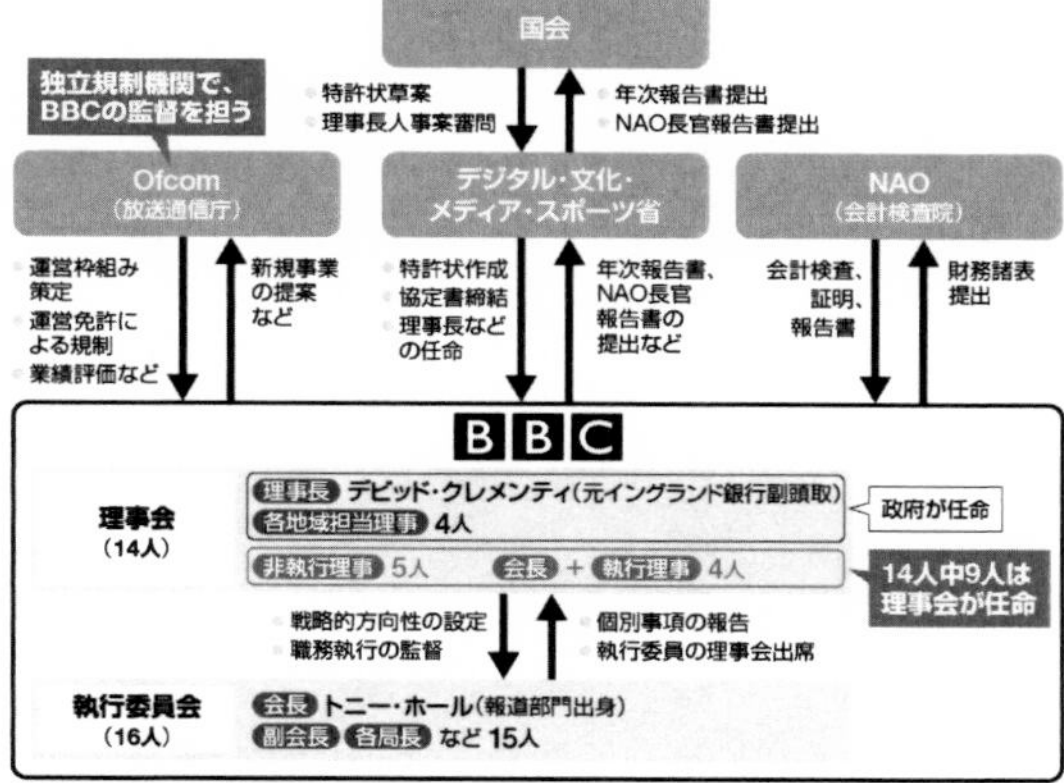

（出所）BBCのHP、NHK放送文化研究所の資料

有料配信サービスの脅威

もちろん敵はいる。ニュース報道で競合する新聞がその筆頭だ。小さな政府を志向する、現在の与党・保守党もＢＢＣには敵対的だ。ライセンス料制度廃止の声もつねに上がってきた。

また英国でもネットフリックスやアマゾンプライムなどで、毎月の視聴料を払って、自分の好きな動画を楽しむ人が増えている。潤沢な資金を使って質の高い番組コンテンツを提供する有料配信サービスこそが今後のライバルだ。

これらは現時点でＢＢＣの経営を脅かすほどの勢力にはなっていない。放送行政に詳しい英ウェストミンスター大学のスティーブン・バーネット教授は、「たとえ自分が視聴しない番組であっても、（公共のために）ＢＢＣが制作することを支えたいという考え方が根付いている」と言う。加えて「過去何十年にもわたり、不偏不党の報道を心がけてきたことで培った信頼感が、ライセンス料制度を支持する理由となっている」とバーネット教授は述べる。

では今後も安泰なのかといえば、答えはノーだ。

ＢＢＣが生き延びるための大きなカギは、視聴者・国民からの支持を受け続けること。ただ有料配信サービスなどがさらに勢力を拡大し、お金を払って好みの番組を視聴する習慣が国民に広く定着すれば、放送、そしてＢＢＣを必要と思わない人たちが多数派になる可能性がある。

そうなった場合、「番組コンテンツをすべての人へ同様に提供するという、ＢＢＣの根底となる普遍性が破壊されるだろう」と、放送法を専門とする英リーズ大学のシルビア・ハーベイ教授は言う。そして「放送が暗号化され、どの放送局も（有料配信サービスのように希望者だけが契約する）サブスクリプション制度になる将来がありうる」（同教授）。

メディアやコンテンツが多様化する中、これからの公共放送とはどうあるべきなのか。ＢＢＣに大きな課題が待ち受けている。

小林恭子（こばやし・ぎんこ）
成城大学卒業。デイリー・ヨミウリ記者などを経て渡英。英メディアを観察するブログ「英国メディア・ウオッチ」を運営。著書に『英国公文書の世界史　一次資料の宝石箱』。

INTERVIEW

経営委員会の誤りを正せるガバナンス体制を構築せよ

元ＮＨＫ経営委員会委員長職務代行者・上村達男

ＮＨＫのガバナンス（統治）には、どんな問題があるのか。会社法の大家で、2012年3月〜15年2月にＮＨＫ経営委員会の委員長職務代行者を務めた、早稲田大学の上村達男名誉教授に話を聞いた。

―かんぽの報道をめぐるＮＨＫの対応をどう見ていますか。

ＮＨＫには放送法に詳しい人はいても、経営のガバナンスは苦手だ。私が経営委員になったばかりのときは、経営委員長のほうが会長よりも偉い、という雰囲気だった。経営委員会と理事会は本来、互いをチェックし合うような対等の権限関係にある。私は委員として上下関係を変えることに腐心したが、今回の件を見ると、完全に昔に戻ったと思う。石原（進）経営委員長は上田（良一）会長の上司のように振る舞っている。そうでなければ、厳重注意という発想にはならない。

放送法上はっきりしているのは、業務執行の全権は会長にあり、経営委員会には監視・監督権があるということ。職員が間違ったことをした場合、処分する権限は会長にしかなく、経営委員会は番組編成を中心とする執行部の業務執行に干渉したり、規律づけをしたりしてはならない。

確かに経営委員会は重要事項の決定権限、つまり執行の決定に対する拒否権を与えられているが、これは執行に介入して指図することを認めているわけではない。ガバナンスに対する基本的な理解が欠けている。

――厳重注意の件は経営委員会の議事録に記録されておらず、放送法違反との声もあります。

「議事経過」というものを後から出してきたが、議事録に書かなかったということは、経営委員会としての決議事項ではないと判断した、つまり軽い注意くらいのつもりだったのかもしれない。ただ、実質的に放送法違反であることは明確だ。

今回の件は、経営委員長が「個々の番組に関する問題に対する指摘を今後もやりますよ」と示したとも受け取れる。業務執行に干渉していると言われかねない。

――上村さんが経営委員だったときにも、ガバナンスのあり方が大きな課題でした。

なぜ私が選ばれたのかを総務省幹部に問うと、コーポレートガバナンス（企業統治）の専門家で、社外取締役として企業経営に関わった経験もあり、ＮＨＫでも知見を発揮してほしいという答えだった。ＮＨＫにガバナンスが足りないことは、総務省も以前からわかっていたわけだ。

私が経営委員会で最も丁寧に見ていたのが、経営委員が業務執行に口を出していないかということ。当時の経営委員がＮＨＫのニュース番組に対する不満とも取れる発言を繰り返したことがあった。議事進行役だった私は、「ちょっと待ってください。それは意見・感想ですね」と何度も確認した。「ああしろ、こうしろ」というのは指図であり、業務執行を左右したことになるが、意見・感想であれば、会長への指示にはならない。発言をした経営委員は「意見・感想です」と言っていたので、問題にはしなかった。当時はそれくらい丁寧にやっていた。

——上田会長の対応はどう感じましたか。

経営委員長が権限外の厳重注意をしたわけだが、「権限外のことを言うべきではない」「法的根拠は何だ」と会長も言わなきゃおかしい。番組の責任者が「会長は制作に関与しない」と言ったと報道され問題になっているが、「上田会長は日頃から『現場には口を出さない』と言っている」という意味であって、放送法の業務執行における番組編成権が会長にはないという主旨で話したのかは疑問だ。それに文句を言った日本郵政の上級副社長も、日本郵政から抗議を受けて会長を注意した経営委員長も、経営委員長から注意されて謝った会長も、みんなおかしい。

さらにいえば、会長に言われたからといって放送総局長が日本郵政側に謝罪文を持っていって説明するなんて、以前であれば考えられなかった。放送現場のプライドはもっと高かった。経営委員がいろいろと言っても反論は多かった。全体として執行部の人材の質も下がっているのではないか。

首相「お友達人事」の弊害

——経営委員の質についてはどう思いますか。

そもそも経営委員は国会の同意人事で、その時々の政府の意向に左右されてはいけないという趣旨だ。従来は与野党一致で決めていたが、今は政府の意向で決まり、野党は相手にされない。だから「お友達人事」と言われる。

確かに放送法には「内閣総理大臣が任命する」と書かれている。だが、そこには与野党一致という不文律があった。条文にないからやっていいのではなく、規範として重い意味を持っている。だからこそ人事を見直し、以前のように全会一致を目指して立て直さないといけない。本来は政府に対して気に入らないことも言っていい機関であるはずで、政府任命人事だと当然質は下がる。

――政府が直接任命する人事になれば、経営委員会を監視する役割は誰が担うのでしょう？

経営委員会が間違った判断をした際に、それを正す手段が今はない。監査委員会はあるものの、そのメンバーは経営委員から選ばれる。自分で自分を管理しているようなものだ。さらに監督官庁の総務省がＮＨＫに対して業務改善命令をできるという規定は、放送法にない。金融庁が持つ金融機関に対する監督権限ほど強くない。

――上田会長は経営委員出身で、常勤の監査委員も務めていました。

常勤監査委員は会長を最も厳しく監督しなければならない立場だ。それを務めていた人が急に会長になるなんて、株式会社でいえば常勤監査役が社長になるようなもの。おかしな話だ。

上田氏が常勤監査委員だったときに、会長に対して厳しい監督権限を行使していたら、自分が会長になっているはずがない。逆にいうと、自分が会長になっても厳しく監督されることはないから安心だと思ったのだろう。

そして上田氏を会長に指名したのは石原委員長だ。だから石原氏に言われると、強く反論できない。

――今の状況を変える方法はあるのでしょうか。

経営委員会の権限が大きすぎるし、全員が外部出身者というのもダメ。月2回の開催で、審議する案件が多いと形骸化してしまう。

放送法の改正が必要になるかもしれないが、株式会社における株主総会の権限に準じて、経営委員会の権限は、経営の基本方針の決定や、会長や理事の選任などの重要な案件のみに絞るべきだ。

日常的な業務執行の権限は理事らで構成される執行部に持たせたうえで、理事の3分の2は（社外取締役のような）独立理事にして、第三者の見方や声を反映させる。独立した指名・報酬委員会も設けるべきだ。会長の報酬も引き上げないと、優秀な経営者は集まらない。民間における最高水準のガバナンスを参考にしてＮＨＫを変えていかないといけない。

（聞き手・中川雅博）

上村達男（うえむら・たつお）

１９４８年生まれ。早稲田大学大学院法学研究科博士課程修了。法学博士。９７年に早大法学部教授就任、法学学術院長・法学部長などを歴任。著書に『ＮＨＫはなぜ、反知性主義に乗っ取られたのか』など。

【週刊東洋経済】

本書は、東洋経済新報社『週刊東洋経済』2019年11月23日号より抜粋、加筆修正のうえ制作しています。この記事が完全収録された底本をはじめ、雑誌バックナンバーは小社ホームページからもお求めいただけます。

小社では、『週刊東洋経済eビジネス新書』シリーズをはじめ、このほかにも多数の電子書籍ラインナップをそろえております。ぜひストアにて「東洋経済」で検索してみてください。

『週刊東洋経済eビジネス新書』シリーズ

No.306　ドンキの正体
No.307　世界のエリートはなぜ哲学を学ぶのか
No.308　AI時代に食える仕事・食えない仕事
No.309　先端医療ベンチャー
No.310　最強私学　早稲田 vs. 慶応

No.311　脱炭素経営
No.312　５Ｇ革命
No.313　クスリの大罪
No.314　お金の教科書
No.315　銀行員の岐路
No.316　中国が仕掛ける大学バトル
No.317　沸騰！再開発最前線
No.318　ソニーに学べ
No.319　老後資金の設計書
No.320　子ども本位の中高一貫校選び
No.321　定年後も稼ぐ力
No.322　ハワイ vs.沖縄　リゾートの条件
No.323　相続の最新ルール
No.324　お墓とお寺のイロハ

No.325　マネー殺到！　期待のベンチャー
No.326　かんぽの闇　保険・投信の落とし穴
No.327　中国　危うい超大国
No.328　子どもの命を守る
No.329　読解力を鍛える
No.330　決算書&ファイナンス入門
No.331　介護大全
No.332　ビジネスに効く健康法
No.333　新幹線　ｖｓ．　エアライン
No.334　日本史における天皇
No.335　ＥＣ覇権バトル

週刊東洋経済eビジネス新書　No.336
検証！　ＮＨＫの正体

【本誌（底本）】
編集局　中川雅博、井上昌也、中島順一郎
デザイン　新藤真美
進行管理　宮澤由美
発行日　２０１９年１１月２３日

【電子版】
編集制作　塚田由紀夫、長谷川　隆
デザイン　大村善久
表紙写真　尾形繁文
制作協力　丸井工文社

発行日　２０２０年７月６日　Ver.1
発行所　〒１０３‐８３４５
東京都中央区日本橋本石町１‐２‐１
東洋経済新報社
電話　東洋経済コールセンター
０３（６３８６）１０４０
https://toyokeizai.net/
発行人　駒橋憲一

電子書籍化に際しては、仕様上の都合などにより適宜編集を加えています。登場人物に関する情報、価格、為替レートなどは、特に記載のない限り底本編集当時のものです。一部の漢字を簡易慣用字体やかなで表記している場合があります。本書は縦書きでレイアウトしています。ご覧になる機種により表示に差が生

※本刊行物は、電子書籍版に基づいてプリントオンデマンド版として作成されたものです。